# 网页美工设计

## Photoshop+Flash+Dreamweaver

## 从入门到精通 第2版

李洪雷 侯水生 著

人民邮电出版社
北 京

图书在版编目（CIP）数据

网页美工设计Photoshop+Flash+Dreamweaver从入门
到精通 / 李洪雷，侯水生著. — 2版. — 北京 : 人民
邮电出版社，2018.10（2022.8重印）
ISBN 978-7-115-48943-2

Ⅰ. ①网… Ⅱ. ①李… ②侯… Ⅲ. ①网页制作工具
Ⅳ. ①TP393.092

中国版本图书馆CIP数据核字（2018）第163414号

## 内 容 提 要

本书是专门讲述网页美工设计的图书，全面、系统地介绍利用 Photoshop、Flash 和 Dreamweaver
进行创作与设计的方法和步骤。

全书共 17 章，从 Photoshop CC 基础入门知识开始，全面介绍图片处理、特效文字设计、Logo
与按钮设计、海报设计、动画设计、网页的排版布局等内容，最后通过综合实例，力求还原一个真
实的网站建设任务，让读者更有针对性地学习网页设计的技巧。

本书对具有一定 Photoshop、Flash 和 Dreamweaver 基础的网页设计与制作人员和网站建设与开
发人员有较高的参考价值，同时也可作为高等院校相关专业师生、网页制作培训班学员、个人网站
爱好者与自学者的学习参考书。

◆ 著　　　李洪雷　　侯水生

　　责任编辑　陈聪聪

　　责任印制　焦志炜

◆ 人民邮电出版社出版发行　　　北京市丰台区成寿寺路 11 号
　　邮编　100164　　电子邮件　315@ptpress.com.cn
　　网址　https://www.ptpress.com.cn

　北京捷迅佳彩印刷有限公司印刷

◆ 开本：787×1092　1/16
　　印张：18.75　　　　　　　　　2018 年 10 月第 2 版
　　字数：454 千字　　　　　　　 2022 年 8 月北京第 5 次印刷

定价：79.00 元

读者服务热线：(010)81055410　印装质量热线：(010)81055316
反盗版热线：(010)81055315
广告经营许可证：京东市监广登字 20170147 号

# 前　言

互联网信息技术彻底改变了人们的生活和工作，越来越多的企业和个人建立起网站来宣传自己，网页设计人员的需求量大大增加。网页设计是一项综合性的技能，是现代艺术设计中具有广泛性和前沿性的新媒体艺术形式之一。一个优秀的网站在栏目设计、导航设计、色彩搭配、内容设计等方面都非常严谨。有的网站看上去可能很简单，但却能够在网络中脱颖而出，这些网站可以给人一种吸引力，让浏览者在访问的同时，不知不觉地记住网站的相关信息，感受到企业的文化。如何让网站在网络上脱颖而出？网页美工无疑起到了重要的作用。网页的图片处理、特效文字设计、Logo 与按钮设计、海报设计、动画设计、网页的排版布局等，都属于网页美工的范畴。如今客户的眼光越来越挑剔，对网页的视觉要求也越来越高，因此，网页美工已经成为网页设计中不可或缺的一个重要部分。

在众多网页美工类图书中，本书第 1 版上市距今已经 3 年了，期间重印达 10 多次，被各大培训机构和高职院校选作教材，目前仍然具有极强的生命力。

## 本书特色

- 知识系统、全面。本书从基础知识开始讲起，全面介绍图片处理、特效文字设计、Logo 与按钮设计、海报设计、动画设计、网页的排版布局等内容，最后还给出了综合实例，力求还原一个真实的网站建设任务，让读者的学习更有针对性。

- 采用“基础 + 实例”的形式讲解。为了使读者能够真正掌握网页设计的技巧，本书通过大量实例全面介绍了网页美工设计的各个环节，而且对操作过程中的每一个步骤都有详细说明。不论是初学者，还是有一定基础的读者，只要根据这些步骤操作，就能顺利完成整个实例。

本书写作人员中既包括从业多年的网页设计培训教师，又包括一线的网页制作和网站建设人员，这使得本书理论与实践并重，方法与技巧并存。在编写过程中，我们力求精益求精，但难免存在一些不足之处，读者在使用本书时如果遇到相关技术问题，可以发 E-mail 和我们联系。

本书对具有一定 Photoshop、Flash 和 Dreamweaver 基础的网页设计与制作人员、网站建设与开发人员有较高的参考价值，同时也可作为高等院校相关专业师生、网页制作培训班学员、个人网站爱好者与自学者的学习参考书。

# 资源与支持

本书由异步社区出品，社区（https://www.epubit.com/）为您提供相关资源和后续服务。

## 配套资源

本书提供如下资源：

- 本书素材文件请到异步社区的本书购买页面中下载。

要获得以上配套资源，请在异步社区本书页面中点击 配套资源 ，跳转到下载界面，按提示进行操作即可。注意：为保证购书读者的权益，该操作会给出相关提示，要求输入提取码进行验证。

## 提交勘误

作者和编辑尽最大努力来确保书中内容的准确性，但难免会存在疏漏。欢迎您将发现的问题反馈给我们，帮助我们提升图书的质量。

当您发现错误时，请登录异步社区，按书名搜索，进入本书页面，点击"提交勘误"，输入勘误信息，单击"提交"按钮即可。本书的作者和编辑会对您提交的勘误进行审核，确认并接受后，您将获赠异步社区的 100 积分。积分可用于在异步社区兑换优惠券、样书或奖品。

## 扫码关注本书

扫描下方二维码，您将会在异步社区微信服务号中看到本书信息及相关的服务提示。

## 与我们联系

我们的联系邮箱是 contact@epubit.com.cn。

如果您对本书有任何疑问或建议，请您发邮件给我们，并请在邮件标题中注明本书书名，以便我们更高效地做出反馈。

如果您有兴趣出版图书、录制教学视频，或者参与图书翻译、技术审校等工作，可以发邮件给我们；有意出版图书的作者也可以到异步社区在线提交投稿（直接访问 http://www.epubit.com/selfpublish/submissionwww.epubit.com/selfpublish/submission 即可）。

如果您是学校、培训机构或企业，想批量购买本书或异步社区出版的其他图书，也可以发邮件给我们。

如果您在网上发现有针对异步社区出品图书的各种形式的盗版行为，包括对图书全部或部分内容的非授权传播，请您将怀疑有侵权行为的链接发邮件给我们。您的这一举动是对作者权益的保护，也是我们持续为您提供有价值的内容的动力之源。

## 关于异步社区和异步图书

"异步社区"是人民邮电出版社旗下 IT 专业图书社区，致力于出版精品 IT 技术图书和相关学习产品，为作译者提供优质出版服务。异步社区创办于 2015 年 8 月，提供大量精品 IT 技术图书和电子书，以及高品质技术文章和视频课程。更多详情请访问异步社区官网 https://www.epubit.com。

"异步图书"是由异步社区编辑团队策划出版的精品 IT 专业图书的品牌，依托于人民邮电出版社近 30 年的计算机图书出版积累和专业编辑团队，相关图书在封面上印有异步图书的 LOGO。异步图书的出版领域包括软件开发、大数据、AI、测试、前端、网络技术等。

异步社区

微信服务号

# 目　录

目 录

# 第1章

# 初识网页设计与配色

为了能够使网页初学者对网页设计有一个总体的认识，在介绍网页设计制作前，本章首先介绍网页设计的基础知识，如网页的相关术语，网页设计常用工具 Dreamweaver、Flash 和 Photoshop 以及网页的布局与配色。通过本章的学习可以为后面设计制作更复杂的网页打下良好的基础。

## 1.1 网页设计的相关术语

在学习网页设计之前，先来了解一下静态网页和动态网页的基本概念。

### 1.1.1 什么是静态网页

静态网页是网站建设初期经常采用的一种形式。网站建设者把内容设计成静态网页，访问者只能被动地浏览网站建设者提供的网页内容。静态网页的特点如下。

● 网页内容不会发生变化，除非网页设计者修改了网页的内容。

● 不能实现与浏览网页的用户之间的交互。信息流向是单向的，即从服务器到浏览器。服务器不能根据用户的选择调整返回给用户的内容。静态网页的浏览过程如图 1-1 所示。

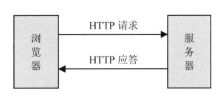

图 1-1　静态网页的浏览过程

### 1.1.2 什么是动态网页

动态网页中，网页文件里包含了程序代码，通过后台数据库与 Web 服务器的信息交互，由后台数据库提供实时数据更新和数据查询服务。这种网页的后缀名称一般根据不同的程序设计语言而不同，常见的有 .asp、.jsp、.php、.perl、.cgi 等形式。动态网页能够根据不同时间和不同访问者而显示不同内容。常见的 BBS、留言板和购物系统通常都是用动态网页实现的。动态网页的制作比较复杂，需要用到 ASP、PHP、JSP 和 ASP.NET 等专门的动态网页设计语言。动态网页浏览过程如图 1-2 所示。

图 1-2　动态网页浏览过程

动态网页的一般特点如下。

- 动态网页以数据库技术为基础，可以大大降低网站维护的工作量。

- 采用动态网页技术的网站可以实现更多的功能，如用户注册、用户登录、搜索查询、用户管理、订单管理等。

- 动态网页并不是独立存在于服务器上的网页文件，只有当用户请求时服务器才会返回一个完整的网页。

## 1.2　网页美工常用工具

由于目前"所见即所得"类型的工具越来越多，使用也越来越方便，所以网页制作已经变成了一件轻松的工作。Dreamweaver、Flash、Photoshop 这 3 个软件相辅相承，是网页美工的首选工具。其中，Dreamweaver 主要用来制作网页文件，其制作出来的网页兼容性好，制作效率也很高；Flash 用来制作精美的网页动画；Photoshop 用来处理网页中的图像。

### 1.2.1　掌握网页编辑排版软件 Dreamweaver

Dreamweaver 是网页设计与制作领域中用户最多、应用最广、功能最强的软件，Dreamweaver CC 的发布，更坚定了 Dreamweaver 在网页设计与制作领域中的地位。Dreamweaver 用于网页的整体布局和设计，它可以对网站进行创建和管理，是网页制作"三剑客"之一，利用它可以轻而易举地制作出充满动感的网页。Dreamweaver 提供众多的可视化设计工具、应用开发环境以及代码编辑支持。开发人员和设计师能够快捷地创建功能强大的网络应用程序。图 1-3 所示为利用 Dreamweaver 制作网页。

图 1-3　利用 Dreamweaver 制作网页

### 1.2.2　掌握网页图像制作软件 Photoshop

Photoshop 是 Adobe 公司推出的图像处理软件，目前已被广泛应用于平面设计、网页设计和照片处理等领域。随着计算机技术的发展，Photoshop 已历经数次版本更新。图 1-4 所示为利用 Photoshop 设计网页图像。

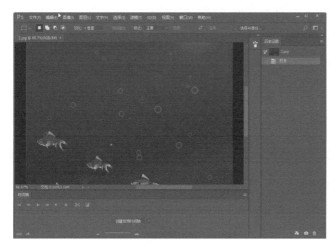

图 1-4    利用 Photoshop 设计网页图像

## 1.2.3    掌握网页动画制作软件 Flash

Flash 是一款功能非常强大的交互式矢量多媒体网页制作工具，能够轻松输出各种各样的动画效果。它不需要特别繁杂的操作，但其动画效果、互动效果、多媒体效果十分出色。由于用 Flash 编制的网页文件比普通网页文件要小得多，所以大大加快了浏览速度。图 1-5 所示为利用 Flash 制作网页动画。

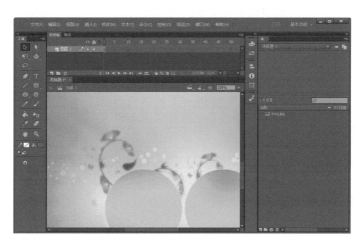

图 1-5    为利用 Flash 制作网页动画

## 1.3    网页版面布局设计

网页设计要讲究编排和布局，虽然网页设计不同于平面设计，但它们有许多相近之处，应加以借鉴和利用。为了达到最佳的视觉表现效果，网页的整体布局要合理，使浏览者有一个流畅的视觉体验。

### 1.3.1　网页版面布局原则

同平面设计一样，在设计网页时也要遵循一些基本原则。熟悉一些基本的设计原则，再对网页的特殊性做一些考虑，便不难设计出美观大方的页面。网页设计有以下基本原则，熟悉这些原则将对页面的设计有所帮助。

（1）主次分明，中心突出

对一个页面进行设计，必须考虑视觉的中心。这个中心一般在屏幕的中央，或者在中间偏上的部位。因此，一些重要的文章和图像一般可以安排在这个部位，在视觉中心以外的地方可以安排那些稍微次要的内容，这样在页面上就突出了重点，做到了主次有别。

（2）大小搭配，相互呼应

不要将较长的文章或标题搭配在一起，要有一定的距离。同样，也不要将较短的文章编排在一起。对待图像的安排也是这样，要互相错开，使大小不同的图像之间有一定的间隔，这样可以使页面错落有致，避免偏离重心。

（3）图文并茂，相得益彰

文字和图像具有一种相互补充的视觉关系。页面上文字太多，就显得沉闷，缺乏生气；页面上图像太多，缺少文字，必然会减少页面的信息量。因此，最理想的效果是文字与图像密切配合、互为衬托，这样既能活跃页面，又能使页面有丰富的内容。

（4）简洁一致性

保持简洁的常用做法是使用醒目的标题。这个标题常常采用图形表示，但图形同样要求简洁。另一种保持简洁的做法是限制所用的字体和颜色的数目，一般每页使用的字体不超过3种。

要保持一致性，可以从页面的排版入手，各个页面使用相同的页边距，文本、图形之间保持相同的间距，主要图形、标题或符号旁边留下相同的空白。

（5）元素搭配合理

格式美观的正文、和谐的色彩搭配、较好的对比度，这些元素使得文字具有较强的可读性。要使页面具有生动的背景图案，页面元素应大小适中、布局匀称，不同元素之间有足够空白且保持平衡，文字准确无误。

（6）考虑到大多数人使用256色显示模式，因此一个页面显示的文本和背景的颜色不宜过多，应当控制在256色以内。主题颜色通常只需要2～3种，并采用一种标准色。

### 1.3.2　点、线、面的构成

在网页的视觉构成中，点、线、面既是最基本的造型元素，又是最重要的表现手段。在布局网页时，点、线、面是需要最先考虑的因素。只有合理处理好点、线、面的关系，才能设计出具有最佳视觉效果的页面，才能充分地表达出网页最终目的。网页设计实际上就是如何处理好这三者的关系，因为不管任何视觉形象或者版式构成，归根结底，都可以归纳为点、线和面的关系。

### 1. 点的视觉构成

在网页中，一个单独而细小的形象可以称为点，如汉字就可以称为一个点；点也可以是一个网页中相对微小单纯的视觉形象，如按钮、Logo 等。

点是构成网页的最基本单位，它起到使页面活泼生动的作用，使用得当，甚至可以成为点睛之笔。

一个网页往往需要有数量不等、形状各异的点来构成。点的形状、方向、大小、位置、聚集、发散，能够给人带来不同的心理感受。

### 2. 线的视觉构成

点的延伸形成线，线在页面中表示方向、位置、长短、宽度、形状、质量和情绪。线是分割页面的主要元素之一，是决定页面显示的基本要素。线分为直线和曲线，有垂直、水平、倾斜、几何曲线、自由线这几种呈现形式。

线是能被赋予情感的，如水平线给人开阔、安宁、平静的感觉，斜线具有动力、不安、速度和现代意识，垂直线具有庄严、挺拔、力量、向上的感觉。曲线给人带来柔软流畅的感觉，自由曲线是较好的情感抒发手段。将不同的线运用到页面设计中，会获得不同的效果。

水平线的重复排列会对访问者形成强烈的形式感和视觉冲击力，能够让访问者在第一眼就产生兴趣，从而达到吸引注意力的目的。

自由曲线的运用打破了水平线产生的庄严和单调，给网页增加了丰富、流畅、活泼的气氛。图 1-6 所示为使用曲线的网页。

水平线和自由曲线的组合运用形成新颖的形式和不同情感的对比，从而将视觉中心有力地衬托出来。

### 3. 面的视觉构成

面是无数点和线的组合，具有一定的面积和质量，占据的空间更多，因而相比点和线来说视觉冲击力更大、更强烈。图 1-7 所示为使用网页中的面。

图 1-6　使用曲线的网页

图 1-7　使用网页中的面

面的形状可以大致分为以下几种。

- 几何形的面：方形、圆形、三角形、多边形的面（在页面中经常出现）。

- 有机切面：可以用弧形相交或者相切得到。

- 不规则形的面和意外因素形成的随意形面。

面具有自己鲜明的个性和情感特征，只有合理地安排好网页中各个面的关系，才能设计出充满美感且实用的网页。

## 1.4　常见的版面布局形式

常见的网页布局形式大致有"国"字型、拐角型、框架型、封面型和 Flash 型布局等。

### 1. "国"字型布局

"国"字型布局如图 1-8 所示。从图中可以看出，最上面是网站的标志、广告以及导航栏；接下来是网站的主要内容，左右分别列出一些栏目，中间是主要部分；最下部是网站的一些基本信息。这种结构是国内一些大中型网站常用的布局方式，其优点是充分利用版面、信息量大，缺点是页面显得拥挤、不够灵活。

### 2. 拐角型布局

拐角型结构布局如图 1-9 所示，页面顶部为标志＋广告条，下方左面为主菜单，右面显示正文信息。这是网页设计中广泛使用的一种布局方式，一般应用于企业网站中的二级页面。这种布局的优点是页面结构清晰、主次分明，是初学者最容易上手的布局方法。在这种类型中，一种很常见的布局是最上面是标题及广告，左侧是导航链接。

图 1-8　"国"字型布局

图 1-9　拐角型布局

### 3. 框架型布局

框架型布局一般分成上下或左右布局，一栏是导航栏目，一栏是正文信息。复杂的框架结构可以将页面分成许多部分，常见的是三栏布局。如图 1-10 所示，上边一栏放置图像广告，左边一栏显示导航栏，右边显示正文信息。

## 4. 封面型布局

封面型布局一般应用在网站的主页或广告宣传页上。此布局中，通常会为精美的图像加上简单的文字链接，指向网页中的主要栏目。图 1-11 所示是封面型布局。

图 1-10  框架型布局                图 1-11  封面型布局

## 5. Flash 型布局

这种布局跟封面型的布局结构类似，不同的是页面采用了 Flash 技术，动感十足，可以大大增强页面的视觉效果。图 1-12 所示为 Flash 型布局。

## 6. 标题正文型布局

这种类型最上面是标题或类似的元素，下面是正文。一些文章页面或注册页面就是这种类型。图 1-13 所示为标题正文型布局。

图 1-12  Flash 型布局               图 1-13  标题正文型布局

## 1.5　文字与图像版式设计

文本是重要的信息载体和交流工具，网页中的信息也是以文本为主。虽然文字不如图像直观形象，但是却能准确地表达信息的内容和含义。在确定网页的版面布局后，还需要确定文本的样式，如字体、字号和颜色等，还可以将文字图形化。

### 1.5.1　文字的字体、字号、行距

网页中，中文默认的标准字体是"宋体"，英文是 Times New Roman。如果在网页中没有设置任何字体，则浏览器中将以这两种字体显示网页。字号大小可以使用磅（point）或像素（pixel）来确定。一般网页常用的字号大小为 12 磅左右，较大的字体可用于标题或其他需要强调的地方，小一些的字体可以用于页脚和辅助信息。需要注意的是，小字号容易产生整体感和精致感，但可读性较差。

无论选择什么字体，都要以网页的总体设想和浏览者的需要为基础。在同一页面中，字体种类少，版面雅致，有稳重感；字体种类多，则版面活跃，丰富多彩。布局的关键是根据页面内容来掌握相关比例关系。

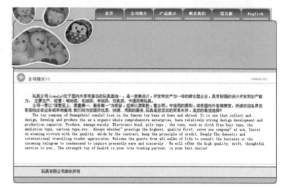

变化的行距也会对文本的可读性产生很大影响。一般情况下，接近字体尺寸的行距设置比较适合正文。行距的常规比例为 10 : 12，即字用 10 点，则行距用 12 点，如图 1-14 所示；否则行距太小，字体看着会很不舒服，而行距适当放大后字体感觉比较合适。

图 1-14　行距太小

行距可以用行高（line-height）属性来设置，建议以磅或默认行高的百分数为单位，如 20pt 或 150%。

### 1.5.2　文字的图形化

所谓文字的图形化，是指把文字作为图形元素来表现，从而起到强化原有功能的作用。作为网页设计者，既可以按照常规的方式来设置字体，也可以对字体进行艺术化的设计。无论怎样，一切都应该围绕如何更出色地实现自己的设计目标来进行。

将文字图形化，以更富创意的形式表达出深层的设计思想，能够避免网页的单调与平淡，从而打动人心，图 1-15 所示为图形化的文字。

图 1-15　图形化的文字

## 1.6 网页配色安全

有时虽然使用了合理且美观的网页配色方案，但由于浏览时所用的显示器、操作系统、显卡以及浏览器的不同而有不尽相同的显示效果。因此，对于一个网页设计者来说，了解并且利用网页安全色可以拟定出更安全、更出色的网页配色方案。通过使用"216网页安全色"进行网页配色，不仅可以避免色彩失真，还可以使配色方案更好地为网站服务。

### 1.6.1 216网页安全色

216网页安全色是指在不同硬件环境、不同操作系统、不同浏览器中都能够正常显示的颜色集合（调色板），也就是说这些颜色在任何终端设备上的显示效果都是相同的，所以使用216网页安全色进行网页配色可以避免原有的颜色失真问题。

网页安全色是当红色（Red）、绿色（Green）、蓝色（Blue）颜色数字信号值为0、51、102、153、204、255（十六进制为00、33、66、99、CC或FF）时构成的颜色组合，它一共有6×6×6=216种颜色。图1-16所示为网页安全色调色板。我们可以看到很多站点利用其他非网页安全色同样也展现了新颖独特的设计风格，所以

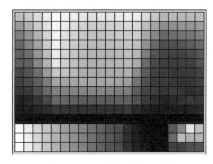

图1-16　网页安全色调色板

并不需要刻意地追求使用局限在216网页安全色范围内的颜色，而是应该更好地搭配使用安全色和非安全色。

### 1.6.2 网页安全色配色辞典

216网页安全色对于一个网页设计师来说是必备的常识，利用它可以拟定出更安全、更出色的网页配色方案。只要在网页中使用216网页安全色，就可以控制网页的色彩显示效果。图1-17所示为网页安全色配色辞典。

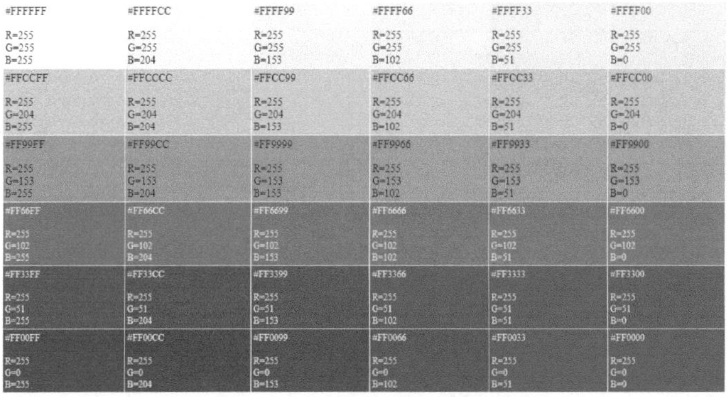

图1-17　网页安全色配色辞典

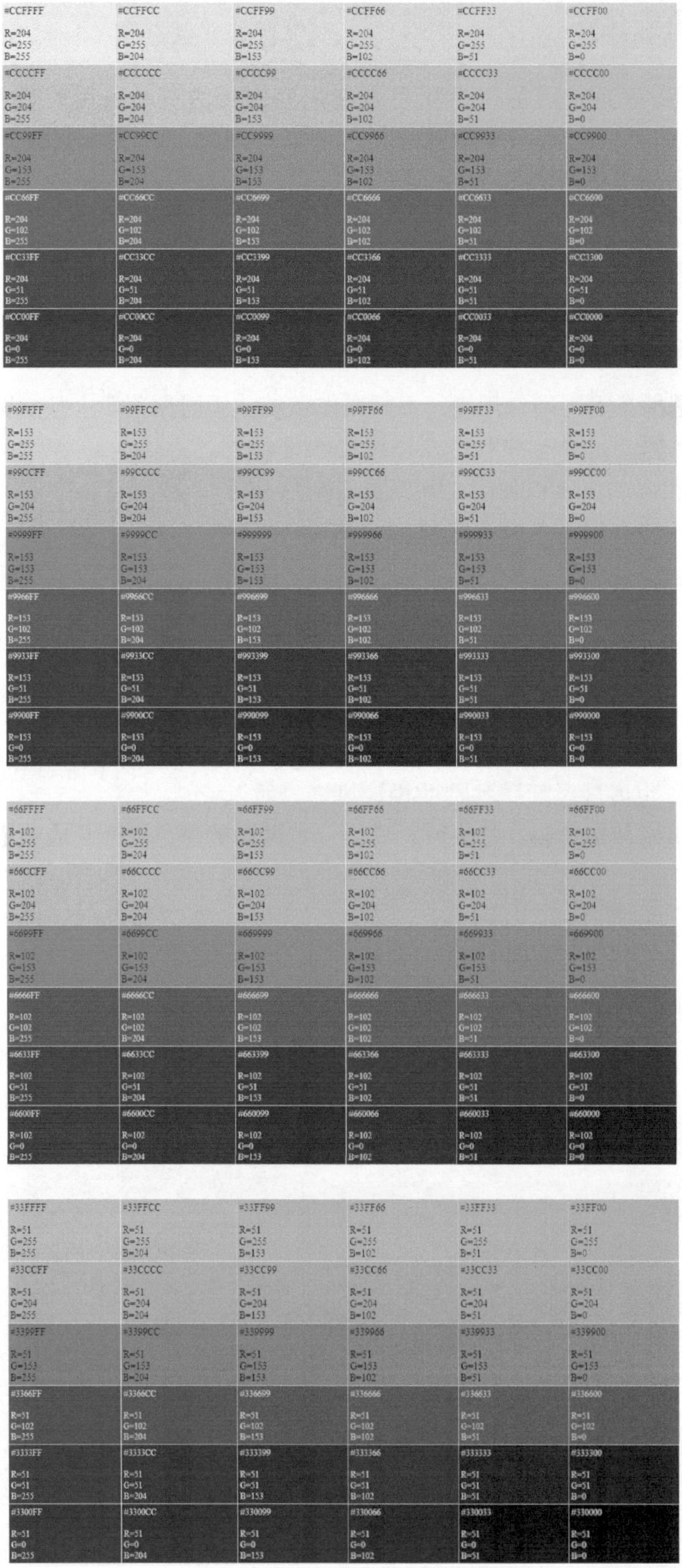

| #CCFFFF | #CCFFCC | #CCFF99 | #CCFF66 | #CCFF33 | #CCFF00 |
|---|---|---|---|---|---|
| R=204 G=255 B=255 | R=204 G=255 B=204 | R=204 G=255 B=153 | R=204 G=255 B=102 | R=204 G=255 B=51 | R=204 G=255 B=0 |
| #CCCCFF | #CCCCCC | #CCCC99 | #CCCC66 | #CCCC33 | #CCCC00 |
| R=204 G=204 B=255 | R=204 G=204 B=204 | R=204 G=204 B=153 | R=204 G=204 B=102 | R=204 G=204 B=51 | R=204 G=204 B=0 |
| #CC99FF | #CC99CC | #CC9999 | #CC9966 | #CC9933 | #CC9900 |
| R=204 G=153 B=255 | R=204 G=153 B=204 | R=204 G=153 B=153 | R=204 G=153 B=102 | R=204 G=153 B=51 | R=204 G=153 B=0 |
| #CC66FF | #CC66CC | #CC6699 | #CC6666 | #CC6633 | #CC6600 |
| R=204 G=102 B=255 | R=204 G=102 B=204 | R=204 G=102 B=153 | R=204 G=102 B=102 | R=204 G=102 B=51 | R=204 G=102 B=0 |
| #CC33FF | #CC33CC | #CC3399 | #CC3366 | #CC3333 | #CC3300 |
| R=204 G=51 B=255 | R=204 G=51 B=204 | R=204 G=51 B=153 | R=204 G=51 B=102 | R=204 G=51 B=51 | R=204 G=51 B=0 |
| #CC00FF | #CC00CC | #CC0099 | #CC0066 | #CC0033 | #CC0000 |
| R=204 G=0 B=255 | R=204 G=0 B=204 | R=204 G=0 B=153 | R=204 G=0 B=102 | R=204 G=0 B=51 | R=204 G=0 B=0 |

| #99FFFF | #99FFCC | #99FF99 | #99FF66 | #99FF33 | #99FF00 |
|---|---|---|---|---|---|
| R=153 G=255 B=255 | R=153 G=255 B=204 | R=153 G=255 B=153 | R=153 G=255 B=102 | R=153 G=255 B=51 | R=153 G=255 B=0 |
| #99CCFF | #99CCCC | #99CC99 | #99CC66 | #99CC33 | #99CC00 |
| R=153 G=204 B=255 | R=153 G=204 B=204 | R=153 G=204 B=153 | R=153 G=204 B=102 | R=153 G=204 B=51 | R=153 G=204 B=0 |
| #9999FF | #9999CC | #999999 | #999966 | #999933 | #999900 |
| R=153 G=153 B=255 | R=153 G=153 B=204 | R=153 G=153 B=153 | R=153 G=153 B=102 | R=153 G=153 B=51 | R=153 G=153 B=0 |
| #9966FF | #9966CC | #996699 | #996666 | #996633 | #996600 |
| R=153 G=102 B=255 | R=153 G=102 B=204 | R=153 G=102 B=153 | R=153 G=102 B=102 | R=153 G=102 B=51 | R=153 G=102 B=0 |
| #9933FF | #9933CC | #993399 | #993366 | #993333 | #993300 |
| R=153 G=51 B=255 | R=153 G=51 B=204 | R=153 G=51 B=153 | R=153 G=51 B=102 | R=153 G=51 B=51 | R=153 G=51 B=0 |
| #9900FF | #9900CC | #990099 | #990066 | #990033 | #990000 |
| R=153 G=0 B=255 | R=153 G=0 B=204 | R=153 G=0 B=153 | R=153 G=0 B=102 | R=153 G=0 B=51 | R=153 G=0 B=0 |

| #66FFFF | #66FFCC | #66FF99 | #66FF66 | #66FF33 | #66FF00 |
|---|---|---|---|---|---|
| R=102 G=255 B=255 | R=102 G=255 B=204 | R=102 G=255 B=153 | R=102 G=255 B=102 | R=102 G=255 B=51 | R=102 G=255 B=0 |
| #66CCFF | #66CCCC | #66CC99 | #66CC66 | #66CC33 | #66CC00 |
| R=102 G=204 B=255 | R=102 G=204 B=204 | R=102 G=204 B=153 | R=102 G=204 B=102 | R=102 G=204 B=51 | R=102 G=204 B=0 |
| #6699FF | #6699CC | #669999 | #669966 | #669933 | #669900 |
| R=102 G=153 B=255 | R=102 G=153 B=204 | R=102 G=153 B=153 | R=102 G=153 B=102 | R=102 G=153 B=51 | R=102 G=153 B=0 |
| #6666FF | #6666CC | #666699 | #666666 | #666633 | #666600 |
| R=102 G=102 B=255 | R=102 G=102 B=204 | R=102 G=102 B=153 | R=102 G=102 B=102 | R=102 G=102 B=51 | R=102 G=102 B=0 |
| #6633FF | #6633CC | #663399 | #663366 | #663333 | #663300 |
| R=102 G=51 B=255 | R=102 G=51 B=204 | R=102 G=51 B=153 | R=102 G=51 B=102 | R=102 G=51 B=51 | R=102 G=51 B=0 |
| #6600FF | #6600CC | #660099 | #660066 | #660033 | #660000 |
| R=102 G=0 B=255 | R=102 G=0 B=204 | R=102 G=0 B=153 | R=102 G=0 B=102 | R=102 G=0 B=51 | R=102 G=0 B=0 |

| #33FFFF | #33FFCC | #33FF99 | #33FF66 | #33FF33 | #33FF00 |
|---|---|---|---|---|---|
| R=51 G=255 B=255 | R=51 G=255 B=204 | R=51 G=255 B=153 | R=51 G=255 B=102 | R=51 G=255 B=51 | R=51 G=255 B=0 |
| #33CCFF | #33CCCC | #33CC99 | #33CC66 | #33CC33 | #33CC00 |
| R=51 G=204 B=255 | R=51 G=204 B=204 | R=51 G=204 B=153 | R=51 G=204 B=102 | R=51 G=204 B=51 | R=51 G=204 B=0 |
| #3399FF | #3399CC | #339999 | #339966 | #339933 | #339900 |
| R=51 G=153 B=255 | R=51 G=153 B=204 | R=51 G=153 B=153 | R=51 G=153 B=102 | R=51 G=153 B=51 | R=51 G=153 B=0 |
| #3366FF | #3366CC | #336699 | #336666 | #336633 | #336600 |
| R=51 G=102 B=255 | R=51 G=102 B=204 | R=51 G=102 B=153 | R=51 G=102 B=102 | R=51 G=102 B=51 | R=51 G=102 B=0 |
| #3333FF | #3333CC | #333399 | #333366 | #333333 | #333300 |
| R=51 G=51 B=255 | R=51 G=51 B=204 | R=51 G=51 B=153 | R=51 G=51 B=102 | R=51 G=51 B=51 | R=51 G=51 B=0 |
| #3300FF | #3300CC | #330099 | #330066 | #330033 | #330000 |
| R=51 G=0 B=255 | R=51 G=0 B=204 | R=51 G=0 B=153 | R=51 G=0 B=102 | R=51 G=0 B=51 | R=51 G=0 B=0 |

图 1-17　网页安全色配色辞典（续）

| #00FFFF | #00FFCC | #00FF99 | #00FF66 | #00FF33 | #00FF00 |
|---|---|---|---|---|---|
| R=0 G=255 B=255 | R=0 G=255 B=204 | R=0 G=255 B=153 | R=0 G=255 B=102 | R=0 G=255 B=51 | R=0 G=255 B=0 |
| #00CCFF | #00CCCC | #00CC99 | #00CC66 | #00CC33 | #00CC00 |
| R=0 G=204 B=255 | R=0 G=204 B=204 | R=0 G=204 B=153 | R=0 G=204 B=102 | R=0 G=204 B=51 | R=0 G=204 B=0 |
| #0099FF | #0099CC | #009999 | #009966 | #009933 | #009900 |
| R=0 G=153 B=255 | R=0 G=153 B=204 | R=0 G=153 B=153 | R=0 G=153 B=102 | R=0 G=153 B=51 | R=0 G=153 B=0 |
| #0066FF | #0066CC | #006699 | #006666 | #006633 | #006600 |
| R=0 G=102 B=255 | R=0 G=102 B=204 | R=0 G=102 B=153 | R=0 G=102 B=102 | R=0 G=102 B=51 | R=0 G=102 B=0 |
| #0033FF | #0033CC | #003399 | #003366 | #003333 | #003300 |
| R=0 G=51 B=255 | R=0 G=51 B=204 | R=0 G=51 B=153 | R=0 G=51 B=102 | R=0 G=51 B=51 | R=0 G=51 B=0 |
| #0000FF | #0000CC | #000099 | #000066 | #000033 | #000000 |
| R=0 G=0 B=255 | R=0 G=0 B=204 | R=0 G=0 B=153 | R=0 G=0 B=102 | R=0 G=0 B=51 | R=0 G=0 B=0 |

图 1-17　网页安全色配色辞典（续）

## 1.7　不同色彩的网页

在人类千万年来的生活实践中，植物的绿色、稻麦的黄色、海洋的蓝色等各种自然色彩形成了一系列共同的印象，使人们对色彩赋予了特别的象征意义。

### 1. 红色

红色的色感温暖，象征着刚烈而外向，是一种对人刺激性很强的颜色。红色容易引起人们的注意，也容易使人兴奋、激动、紧张、冲动，同时它还是一种容易造成人视觉疲劳的颜色。在众多颜色里，红色是最鲜明生动、最热烈的颜色。因此红色也是代表热情的情感之色。

在网页颜色应用中，根据网页主题内容的需求，纯粹使用红色为主色调的网站相对较少，它多被当作辅助色、点睛色，达到陪衬、醒目的效果。这类颜色的组合比较容易使人提升兴奋度，被广泛地应用于食品、时尚休闲、化妆品、服装等类型的网站，容易营造出诱惑、艳丽等气氛。图 1-18 所示为以红色为主的网页。

图 1-18　以红色为主的网页

### 2. 黑色

黑色也有很强大的感染力，能够表现出特有的高贵。此外，黑色还经常用于表现死亡和神秘。在商业设计中，黑色是许多科技产品的用色，如电视、跑车、摄影机、音响、仪器等。在其他方面，黑色庄严的意象也常用在一些特殊场合的空间设计中，如生活用品和服饰设计大多利用黑色来塑造高贵的形象。黑色也是一种永远流行的主要颜色，适合与多种色彩搭配。图 1-19 所示为使用黑色为主的网页。

### 3. 橙色

橙色能够展示轻快、收获、温馨、时尚，是快乐、喜悦、充满能量的色彩。在整个色谱里，橙色具有兴奋度，是最耀眼的色彩，给人以华贵而温暖、兴奋而热烈的感觉，是令人振奋的颜色。同时，橙色具有健康、活力、勇敢自由等象征意义，能给人以庄严、尊贵、神秘的感觉。橙色在空气中的穿透力仅次于红色，也是容易造成视觉疲劳的颜色。

在网页颜色里，橙色适用于视觉要求较高的时尚网站，属于注目、芳香的颜色，也常被用于强调味觉的食品网站，是容易引起食欲的颜色。图 1-20 所示为使用橙色为主的网页。

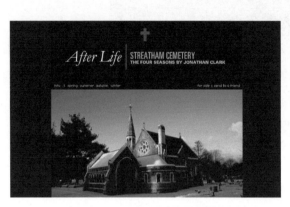

图 1-19　使用黑色为主的网页　　　　　图 1-20　使用橙色为主的网页

#### 4. 灰色

在商业设计中，灰色具有柔和、高雅的意象，属于中间性格，男女皆能接受，所以灰色也是一直以来都很流行的主要颜色。许多高科技产品，尤其是和金属材料有关的，几乎都采用灰色来传达高级、技术的形象。灰色大多被用在不同层次的变化组合中，与其他色彩搭配，才不会显得平淡、沉闷、呆板、僵硬。图 1-21 所示是使用灰色为主的网页。

#### 5. 黄色

黄色通常代表阳光，具有活泼与轻快的特点，给人十分年轻的感觉。它的亮度最高，和其他颜色配合可以增添活泼的感觉，有温暖感。图 1-22 所示为使用黄色为主的网页。

浅黄色代表明朗、愉快、希望、发展，具备雅致、清爽属性，较适合用于女性及化妆品类网站。

中黄色给人带来崇高、尊贵、辉煌、注意、扩张的心理感受。

深黄色给人带来高贵、温和、稳重的心理感受。

#### 6. 绿色

在商业设计中，绿色所传达的是清爽、理想、希望、生长的意象，符合服务业、卫生保健业、教育行业、农业的要求。在工厂中，为了避免操作时眼睛疲劳，许多机械也是采用绿色，一般医疗机构场所也常采用绿色来做空间色彩规划。图 1-23 所示为使用绿色为主的网页。

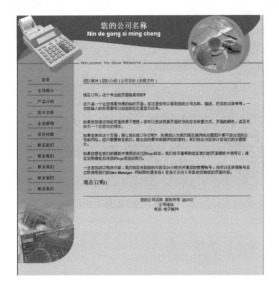

图 1-21　使用灰色为主的网页

图 1-22　使用黄色为主的网页

## 7. 蓝色

由于蓝色给人以沉稳的感觉，且具有智慧、准确的意象，在商业设计中用来强调科技、高效的商品或企业形象，如电脑、汽车、影印机、机械、摄影器材等产品。另外，蓝色也代表忧郁和浪漫，因此也常运用在文学作品或感性诉求的商业设计中。图 1-24 所示为使用以蓝色为主的网页。

图 1-23　使用绿色为主的网页

图 1-24　使用蓝色为主的网页

## 8. 紫色

紫色由于具有强烈的女性化特征，因此在商业设计用色中受到了很多限制，除了和女性有关的商品或企业形象外，其他类的设计很少会采用紫色为主色。图 1-25 所示为使用紫色的网页。

### 9. 白色

在商业设计中，白色具有洁白、明快、纯真、清洁的意象，通常需和其他色彩搭配使用。纯白色给人以寒冷、严峻的感觉，所以在使用纯白色时，都会掺一些其他色彩，如象牙白、米白、乳白等。在生活用品和服饰用色上，白色一直是流行的主要色，可以和任何颜色搭配。

图 1-25　使用紫色为主的网页

## 1.8　网页配色技巧

网页配色很重要，网页颜色搭配的好坏会直接影响到访问者的情绪。好的色彩搭配会给访问者带来很强的视觉冲击力，不好的色彩搭配则会让访问者浮躁不安。下面就来讲述网页色彩搭配的技巧。

### 1.8.1　背景与文字颜色搭配

文字内容和网页的背景色对比要突出，比如，底色深，文字的颜色就要浅，以深色的背景衬托浅色的内容（文字或图片）；反之，底色淡，文字的颜色就要深些，以浅色的背景衬托深色的内容（文字或图片）。图 1-26 所示为背景与文字颜色搭配合理的网页。

在图 1-27 所示的以白色为背景色的网页中，黑色的文字效果就比较好，灰色的文字不是很好。

图 1-26　背景与文字颜色搭配合理的网页

图 1-27　以白色为背景色的网页

在图 1-28 所示的以蓝色为背景色的网页中，白色的文字效果就比较好，黑色或灰色的文字不是很好。

★黑色背景★

采用纯白色的字效果最好。

采用橘黄色的字效果也好。

采用浅黄色的字效果也好。

采用蓝颜色的字效果较差。

采用暗红色的字效果较差。

采用紫色的字效果也较差。

在图 1-29 所示的以黑色为背景色的网页中，文字采用浅黄色，效果比较好。

图 1-28　以蓝色为背景色的网页

图 1-29　以黑色为背景色的网页

## 1.8.2　使用一种色彩

同种色彩搭配是指首先选定一种色彩，然后调整透明度或饱和度，将色彩变淡或加深，产生新的色彩。这样的页面看起来色彩统一，有层次感。图 1-30 所示为同种色彩搭配的网页。

## 1.8.3　两色搭配是用色的基础

色彩搭配就是色彩之间的相互衬托和相互作用，而两色搭配是用色的基础。那么怎样选择两色搭配呢？

### 1. 选择相邻两色搭配

相邻色的配色技巧如下。

- 若一种颜色纯度比较高，另一种颜色就需要

图 1-30　同种色彩搭配的网页

选择纯度低或明度低的。当你调节颜色相互作用的力量时，色彩之间就有了主次关系，这样，搭配效果自然就和谐了。图 1-31 所示为选择相邻色搭配的网页。

● 可以先选定一种色相，通过在调整它的明度或纯度值得到另一色彩后，再将两者搭配。

图 1-31　选择相邻色搭配的网页

## 2. 选择对比色搭配

在选择对比色搭配的网页中，面积要有区别，可适当调整其中一种颜色的明度或饱和度，图 1-32 所示为选择对比色搭配的网页。

图 1-32　选择对比色搭配的网页

# 第2章

# Photoshop CC 入门基础

Photoshop 的专长在于图像处理，而图像处理是对已有的位图图像进行编辑加工处理以及运用的过程。本章主要介绍 Photoshop 的基本操作，包括 Photoshop CC 的工作界面、前景色和背景色的设置、图像区域的选择、基本绘图工具的使用、创建文字和应用滤镜等基本知识。

学习目标

- Photoshop CC 工作界面
- 设置前景色和背景色
- 创建选择区域
- 基本绘图工具
- 创建文字
- 图层与图层样式
- 应用滤镜

## 2.1　Photoshop CC 工作界面

Photoshop CC 的工作界面包括【菜单栏】、【选项栏】、【工具箱】、【文档窗口】、【图层面板】、【历史记录面板】，如图 2-1 所示。

### 2.1.1　菜单命令

Photoshop CC 的菜单栏包括【文件】、【编辑】、【图像】、【图层】、【类型】、【选择】、【滤镜】、【3D】、【视图】、【窗口】和【帮助】11 个菜单，如图 2-2 所示。

- 【文件】菜单：对所修改的图像进行打开、关闭、存储、输出、打印等操作，如图 2-3 所示。

- 【编辑】菜单：编辑图层过程中所用到的各种操作，如复制图层，如图 2-4 所示。

图 2-1　Photoshop CC 的工作界面

图中标注：菜单栏、选项栏、工具箱、文档窗口、图层面板、历史记录面板

Ps　文件(F)　编辑(E)　图像(I)　图层(L)　类型(Y)　选择(S)　滤镜(T)　3D(D)　视图(V)　窗口(W)　帮助(H)

图 2-2　菜单栏

● 【图像】菜单：用来修改图像的各种属性，包括图像和画布的大小、图像颜色的调整、图像的修正等，如图 2-5 所示。

图 2-3　【文件】菜单　　　　　图 2-4　【编辑】菜单　　　　　图 2-5　【图像】菜单

● 【图层】菜单：图层的基本操作命令，如图 2-6 所示。

● 【类型】菜单：全新文字系统"消除锯齿"选项可弥补文字边缘成像的缺陷，使其更加逼真。这个新选项非常符合基于 Windows 和 Mac 渲染的主流浏览器的消除锯齿选项，如图 2-7 所示。

- 【选择】菜单：可以对选区中的图像添加各种效果或进行各种变化而不改变选区外的图像，还提供了各种控制和变换选区的命令，如图 2-8 所示。

图 2-6　【图层】菜单　　　　图 2-7　【类型】菜单　　　　图 2-8　【选择】菜单

- 【滤镜】菜单：用来添加各种特殊效果，如图 2-9 所示。

- 【3D】菜单：增加了较多功能，可以制作出光感更为细腻、纹理更加丰富、阴影更加逼真的立体效果。"实时 3D 绘画"模式也可显著提升性能，并可最大限度地减少失真，如图 2-10 所示。

- 【视图】菜单：用来调整图像在显示方面的属性，如图 2-11 所示。

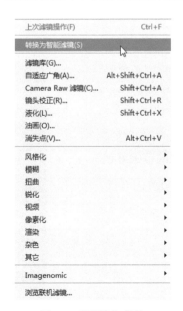

图 2-9　【滤镜】菜单　　　　图 2-10　【3D】菜单　　　　图 2-11　【视图】菜单

- 【窗口】菜单：用于管理工作环境，控制各种窗口，如图 2-12 所示。
- 【帮助】菜单：用于查找帮助信息，如图 2-13 所示。

图 2-12 【窗口】菜单　　　　　　　图 2-13 【帮助】菜单

## 2.1.2 工具箱

Photoshop 的工具箱包含了多种工具。要使用这些工具，只要单击工具箱中的工具按钮即可，如图 2-14 所示。

- 【选框▦】工具（M）：可选择矩形、椭圆、单行和单列选区，用来在图像中选择区域。

- 【移动✛】工具（V）：用来移动当前图层或当前图层中选定的区域。

- 【套索◯】工具（L）：用来选择不规则的选区，包括自由套索、多边形套索和磁性套索工具。自由套索工具适合建立简单选区；多边形套索适合建立棱角比较分明但不规则的选区，如多边形、建筑楼房等；而磁性套索用于选择图形颜色反差较大的图像，颜色反差越大，选取的图形就越准确。

- 【魔棒✎】工具（W）：以点取的颜色为起点选取跟它颜色相近或相同的颜色，图像颜色反差越大，选取的范围就越广；容差越大，选取的范围就越广。

- 【裁剪🗗】工具（C）：可以通过拖动选框，选取要保留的范围并进行裁切，选取后可以按 Enter 键完成操作，取消则按 Esc 键。

- 【切片✂】工具（K）：用来制作网页的热区。

- 【画笔✎】工具（B）：用于绘制柔边、描边。

- 【仿制图章🔖】工具（S）：可以把其他区域的图像纹理轻易地复制到选定的区域。

图 2-14 工具箱

- 【历史记录画笔☑】工具（Y）：用于恢复图像的操作，可以一步一步地恢复，也可以直接按 F12 键全部恢复。

- 【橡皮擦☑】工具（E）：可以清除像素或者恢复背景色。

- 【渐变☐】工具（G）：填充渐变颜色。

- 【模糊☑】工具（R）：模糊图像。

- 【减淡☑】工具（O）：使图像变亮。

- 【路径选择☑】工具（A）：选择整个路径。

- 【横排文字☑】工具（T）：在图像上创建文字。

- 【钢笔☑】工具（P）：绘制路径。

- 【矩形☐】工具（U）：绘制矩形。

- 【注释☑】工具（N）：添加文字注释。

- 【吸管☑】工具（I）：选取颜色。

- 【抓手☑】工具（H）：在图像窗口内移动图像。

- 【缩放☑】工具（Z）：可放大和缩小图像的视图。

## 2.1.3　工具选项栏

使用 Photoshop CC 绘制或处理图像时，首先需要在工具箱中选择工具，然后在选项栏中对该工具进行相应的设置，图 2-15 所示为【文本】工具的选项栏。

图 2-15　【文本】工具的选项栏

## 2.1.4　浮动面板

在默认情况下，面板位于文档窗口的右侧，其主要功能是查看和修改图像。一些面板中的菜单提供其他命令和选项。可使用多种不同方式组织工作区中的面板。可以将面板存储在面板箱中，以使它们不干扰工作且易于访问，或者可以让常用面板在工作区中保持打开，还可将面板编组，或将一个面板停放在另一个面板的底部，如图 2-16 所示。

## 2.1.5　文档窗口

图像文档窗口就是显示图像的区域，也是编辑和处理图像的区域，可以实现 Photoshop 中所有的功能。也可以在这里对图像窗口进行多种操作，如改变窗口大小和位置，对窗口进行缩放等。文档窗口如图 2-17 所示。

图 2-16　面板

图 2-17　文档窗口

## 2.2　设置前景色和背景色

在 Photoshop CC 中，默认的前景色为黑色、背景色为白色。如果在设置了其他颜色后要恢复默认的颜色，则只需单击工具箱中的默认前景色和背景色按钮，如图 2-18 所示。

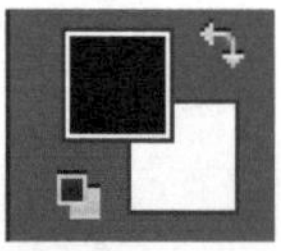

前景色：用于显示和选取当前绘图工具所使用的颜色。单击【前景色】按钮，可以打开【拾色器】对话框并从中选取颜色，如图 2-19 所示。

图 2-18　单击按钮

背景色：用于显示和选取图像的底色。选取背景色后，并不会改变图像的背景色，只有在使用部分与背景色有关的工具时才会依照背景色的设定来执行命令。单击【背景色】按钮，可以打开【拾色器】对话框并从中选取颜色，如图 2-20 所示。

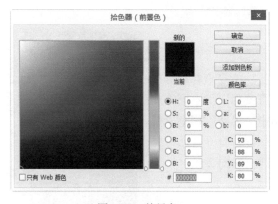

图 2-19　前景色

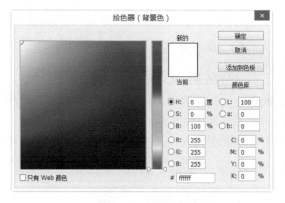

图 2-20　背景色

切换前景色与背景色：用于切换前景色和背景色。

默认前景色与背景色：用于恢复前景色和背景色为初始默认颜色，即 100% 黑色与白色。

在 Alpha 通道中，默认前景色是白色，背景色是黑色。

Photoshop 使用前景色绘图、填充和描边选区，背景色是图层的底色。设置前景色和背景色具体操作步骤如下，所涉及的文件如表 2-1 所示。

表 2-1

| 原始文件 | 原始文件 /CH02/ 设置背景 .png |
|---|---|
| 最终文件 | 最终文件 /CH02/ 设置背景 .png |

（1）打开素材文件"原始文件 /CH02/ 设置背景 .png"，如图 2-21 所示。

（2）在工具箱中选择【魔棒工具】，在舞台中单击选中草莓，如图 2-22 所示。

图 2-21　打开素材文件　　　　　　　　图 2-22　选中草莓

（3）在工具箱中单击【背景色】按钮，打开【拾色器】对话框，选择设置的背景色，如图 2-23 所示。

（4）单击【确定】按钮，选取背景色。按 Ctrl+Delete 组合键即可填充背景，如图 2-24 所示。单击 按钮可以切换前景色和背景色。

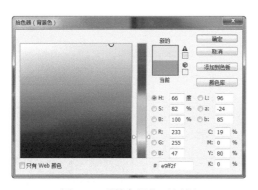 

图 2-23　【拾色器】对话框　　　　　　图 2-24　填充背景

## 2.3　创建选择区域

从图像中选取所需内容是图像处理的基础操作，各种图像的处理往往是基于图像选取并在所选区域上进行的。如何快速、精确地选取图像十分重要，这就要求掌握好各种选择工具的使用方法。

### 2.3.1　选框工具

在 Photoshop CC 中，可以使用工具箱中的【矩形选框工具】和【椭圆选框工具】在图像上选择选区。

使用【矩形选框工具】在图像上绘制选区的具体操作步骤如下，所涉及的文件如表 2-2 所示。

表 2-2

| 原始文件 | 原始文件 /CH02/ 选择工具 .jpg |
|---|---|
| 最终文件 | 最终文件 /CH02/ 选择工具 .jpg |

（1）打开素材文件"原始文件 /CH02/ 选择工具 .jpg"，选择工具箱中的【矩形选框工具】，如图 2-25 所示。

（2）将光标移动到图像上，按住鼠标左键进行拖动，释放鼠标后，即可绘制选区，如图 2-26 所示。

　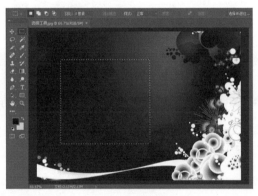

图 2-25　打开素材文件　　　　　　　　　　　　　图 2-26　绘制选区

（3）在工具箱中选择【椭圆选框工具】，如图 2-27 所示。

（4）重复步骤（2）的操作选择圆形选区，如图 2-28 所示。

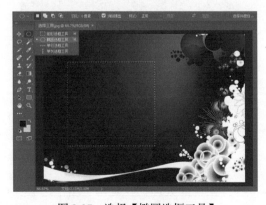　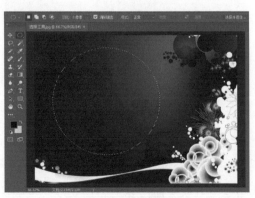

图 2-27　选择【椭圆选框工具】　　　　　　　　　图 2-28　绘制选区

## 2.3.2 套索工具

使用【套索工具】选取不规则选区的具体操作步骤如下。

（1）打开素材文件"原始文件 /CH02/ 套索工具 .jpg"，如图 2-29 所示。

（2）选择工具箱中的【磁性套索工具】，如图 2-30 所示。

图 2-29  打开素材文件

图 2-30  选择【磁性套索工具】

（3）将光标移动到图像上，单击确定选取的起点，然后沿着要选取的物体边缘移动鼠标指针，如图 2-31 所示。

（4）当选取的终点回到起点时，鼠标指针右下角会出现一个小圆圈，单击即可选取不规则选区，如图 2-32 所示。

图 2-31  单击选中区域

图 2-32  选取不规则选区

## 2.3.3 魔棒工具

Photoshop 的【魔棒工具】是一个选区工具，其选择范围的多少取决于其工具选项栏中容差值的高低：容差值高，选择的范围就大；容差值低，选择的范围就小。【魔棒工具】的快捷键是字母 W。图 2-33 所示为【魔棒工具】，【魔棒工具】选项栏如图 2-34 所示。

图 2-33　【魔棒工具】

图 2-34　【魔棒工具】选项栏

使用【魔棒工具】选取选区的具体操作步骤如下，所涉及的文件如表 2-3 所示。

表 2-3

| 原始文件 | 原始文件 /CH02/ 魔棒工具 .jpg |
|---|---|
| 最终文件 | 最终文件 /CH02/ 魔棒工具 .png |

（1）打开素材文件"原始文件 /CH02/ 魔棒工具 .jpg"，如图 2-35 所示。

（2）选择工具箱中的【魔棒工具】，如图 2-36 所示。

图 2-35　打开素材文件

图 2-36　选择【魔棒工具】

（3）在图像上单击选择区域，如图 2-37 所示。

（4）选择【图层】面板中的背景图层，双击图层弹出【新建图层】对话框，如图 2-38 所示。

图 2-37　单击选中区域

图 2-38　【新建图层】对话框

（5）单击【确定】按钮，将图层解锁，如图 2-39 所示。

（6）按 Delete 键删除，抠取透明图像，如图 2-40 所示。

（7）选择菜单栏中的【文件】|【导出】|【存储为 Web 所用格式】命令，打开【存储为 Web 所用格式】对话框，在文件格式下拉列表中选择 PNG 选项，选中【透明度】复选框，如

图 2-41 所示。

图 2-39 解锁图层          图 2-40 抠取透明图像

（8）单击【存储】按钮，打开【将优化结果存储为】对话框，【格式】选择【仅限图像】，如图 2-42 所示。单击【保存】按钮，即可将图像输出为背景透明的 GIF 图像。

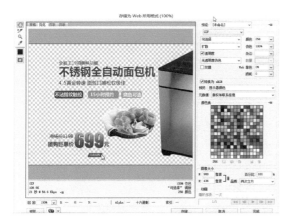

图 2-41 【存储为 Web 所用格式】对话框          图 2-42 【将优化结果存储为】对话框

## 2.4 基本绘图工具

在处理网页图像的过程中，绘图是最基本的操作。Photoshop CC 提供了非常简捷的绘图功能。下面就来讲述在 Photoshop 中画笔、铅笔、加深和减淡工具的应用。

### 2.4.1 画笔工具

【画笔工具】是工具箱中经常用到的选项，下面将讲述【画笔工具】的具体应用，所涉及的文件如表 2-4 所示。

表 2-4

| 原始文件 | 原始文件 /CH02/ 画笔工具 .jpg |
| --- | --- |
| 最终文件 | 最终文件 /CH02/ 画笔工具 .jpg |

（1）打开素材文件"*原始文件 /CH02/ 画笔工具 .jpg*"，如图 2-43 所示。

（2）选择工具箱中的【画笔工具】，如图 2-44 所示。

图 2-43　打开素材文件

图 2-44　选择【画笔工具】

（3）在工具选项栏中单击【点按可打开"画笔预设"选取器】，在弹出的对话框中选择相应的画笔，并设置画笔大小，如图 2-45 所示。

（4）在图像中单击，即可得到相应的形状，如图 2-46 所示。

图 2-45　选择相应的画笔

图 2-46　得到相应的形状

### 2.4.2　铅笔工具

【铅笔工具】用于随意性的创作，可以随意地画出各种线条和形状。下面讲述【铅笔工具】的具体使用方法，所涉及的文件如表 2-5 所示。

表 2-5

| 原始文件 | 原始文件 /CH02/ 铅笔工具 .jpg |
| --- | --- |
| 最终文件 | 最终文件 /CH02/ 铅笔工具 .jpg |

（1）打开素材文件"*原始文件 /CH02/ 铅笔工具 .jpg*"，如图 2-47 所示。

（2）选择工具箱中的【铅笔工具】，如图 2-48 所示。

（3）在工具选项栏中单击【点按可打开"画笔预设"选取器】，在弹出的对话框中选择相应的铅笔，并设置铅笔大小，如图 2-49 所示。

图 2-47 打开素材文件

图 2-48 选择【铅笔工具】

（4）在图像中单击，即可得到相应的形状，如图 2-50 所示。

图 2-49 选择相应的铅笔

图 2-50 得到相应的形状

## 2.4.3 加深和减淡工具的应用

【减淡工具】的主要作用是改变图像的曝光度，对图像中局部曝光不足的区域使用减淡工具后，可对该局部区域的图像增加明亮度（稍微变白），使很多图像的细节可显现出来。

【加深工具】的主要作用也是改变图像的曝光度，对图像中局部曝光过度的区域，使用加深工具后，可使该局部区域的图像变暗（稍微变黑）。图 2-51 所示为【减淡工具】和【加深工具】。【减淡工具】和【加深工具】的工具选项栏相同，图 2-52 所示为【减淡工具】选项栏，包括画笔、范围、曝光度。

图 2-51 【减淡工具】和【加深工具】

图 2-52 【减淡工具】选项栏

下面讲述【减淡工具】和【加深工具】的应用，具体操作步骤如下，所涉及的文件如表 2-6 所示。

表 2-6

| 原始文件 | 原始文件 /CH02/ 加深减淡 .jpg |
| --- | --- |
| 最终文件 | 最终文件 /CH02/ 加深减淡 .jpg |

（1）打开素材文件"原始文件 /CH02/ 加深减淡 .jpg"，如图 2-53 所示。

（2）选择工具箱中的【减淡工具】，如图 2-54 所示。

图 2-53　打开素材文件

图 2-54　选择【减淡工具】

（3）在图像上单击即可减淡图像，如图 2-55 所示。

（4）选择工具箱中的【加深工具】，在图像上单击即可加深图像，如图 2-56 所示。

图 2-55　减淡图像

图 2-56　加深图像

## 2.5　创建文字

在 Photoshop CC 中，使用【文字工具】不仅可以将文字添加到文档中，同时也可以制作各种特殊的文字效果。

### 2.5.1　输入文字

在 Photoshop 中，【文字工具】包括【横排文字工具】、【直排文字工具】、【横排文字蒙版工具】

和【直排文字蒙版工具】。要选取某个工具，可以单击相应的
工具按钮，如图 2-57 所示。可以对文本进行更多的控制，如实
现在输入文本时自动换行、将文本转换为路径等。

图 2-57　【文字工具】

下面通过实例讲述文字的输入，具体操作步骤如下。

（1）打开素材文件"原始文件 /CH02/ 输入文字 .jpg"，选择工具箱中的【横排文字工具】，
如图 2-58 所示。

（2）在图像上单击并输入文字，如图 2-59 所示。

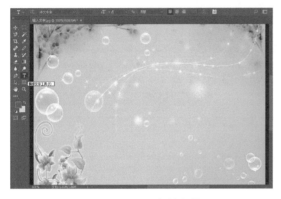

图 2-58　打开素材文件

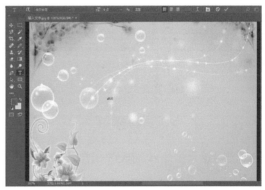

图 2-59　输入文字

## 2.5.2　设置文字属性

输入文字后，当对文字的字体或颜色不满意时，可以在工具选项栏或【字符】面板中修改文
本属性，如图 2-60 所示。

选中要设置字体的文本，在【字体】下拉列表中选择要设置的字体，选中其中一个字体，单
击即可使当前文本应用该字体，如图 2-61 所示。

图 2-60　【字符】面板

图 2-61　选择要设置的字体

选中要设置字体大小的文本，在【字体大小】下拉列表中设置字体的大小，如图 2-62 所示。

单击【字符】面板中的【颜色】文本框，弹出【拾色器】对话框，如图 2-63 所示。

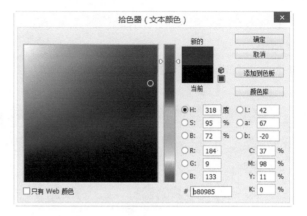

图 2-62　设置字体大小　　　　　　　　　图 2-63　【拾色器】对话框

在【消除锯齿】下拉列表中根据需要选择，如图 2-64 所示。

选择以后即可设置文字的属性，如图 2-65 所示。

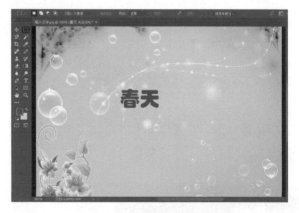

图 2-64　消除锯齿　　　　　　　　　图 2-65　设置文字的属性

## 2.5.3　文字的变形

使用【变形文字】命令可以对文字进行多种变形，【变形文字】对话框如图 2-66 所示。

在【变形文字】对话框中的各参数如下。

- 样式：选择要进行变形的风格，在其下拉列表中选择样式，如图 2-67 所示。

- 水平和垂直：选择文字弯曲的方向。

- 弯曲、水平扭曲和垂直扭曲：用来控制文字弯曲的程度。

图 2-66 【变形文字】对话框　　　　　　　图 2-67 样式

下面通过实例讲述变形文字的创建方法，具体操作步骤如下，所涉及的文件如表 2-7 所示。

表 2-7

| 原始文件 | 原始文件 /CH02/ 变形文字 .jpg |
|---|---|
| 最终文件 | 最终文件 /CH02/ 变形文 .psd |

（1）打开素材文件"原始文件 /CH02/ 变形文字 .jpg"，如图 2-68 所示。

（2）选择工具箱中的【横排文字工具】，在舞台中输入文字"繁花似锦"，如图 2-69 所示。

图 2-68 打开素材文件　　　　　　　图 2-69 输入文字

（3）单击工具选项栏中的按钮，弹出【变形文字】对话框，在对话框中的【样式】下拉列表中选择【上弧】选项，如图 2-70 所示。

（4）单击【确定】按钮，即可设置变形文字效果，如图 2-71 所示。

图 2-70 【变形文字】对话框　　　　　　　图 2-71 设置变形文字效果

## 2.6　图层与图层样式

图层是处理图像的关键，在处理和编辑图像的过程中，几乎每幅图像都会用到图层。

### 2.6.1　图层基本操作

添加图层是图层编辑中应首先学会的操作。新建图层一般可以通过【图层】面板或图层菜单命令来添加，而新添加的图层将位于【图层】面板中所选图层的上方。

**1. 添加图层**

选择菜单中的【窗口】|【图层】命令，打开【图层】面板，在面板中单击【创建新图层】按钮，如图 2-72 所示，即可在图层的上方新建图层，如图 2-73 所示。

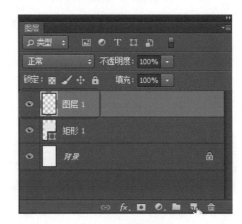

图 2-72　单击【创建新图层】按钮　　　　　　图 2-73　新建图层

**2. 删除图层**

对一些没有用的图层，可以将其删除，方法是选中要删除的图层，然后单击【图层】面板中的【删除图层】按钮 🗑，弹出 Adobe Photoshop CC 提示框，如图 2-74 所示，单击"确定"按钮，即可将所选的图层删除。

**3. 合并图层**

在一幅图像中，建立的图层越多，所占用的磁盘空间越大。因此，对一些不必要分开的图层，可以将它们合并以减少文件所占用的磁盘空间，同时也可以提高操作速度。

图 2-74　Adobe Photoshop CC 提示框

选中要合并的图层，在【图层】面板中单击 ▤ 按钮，在弹出的菜单中选择相应的合并命令即可，如图 2-75 所示。

○ 向下合并：可以将当前作用图层与下一图层合并为一个作用图层。

○ 合并可见图层：可以将当前所有可见图层的内容合并到背景图层或目标图层中，而将隐藏图层排列到合并图层的上面。

- 拼合图像：可将图像中所有图层合并，并在合并过程中丢弃隐藏的图层。

### 2.6.2　设置图层样式

图层样式是 Photoshop 最具有魅力的功能之一。它能够产生许多惊人的图层特效。对图层样式所做的修改，均会实时地显示在图像窗口中。灵活使用图层样式，可为艺术创作提供一个极好的实现工具。

图层样式设置非常简单，只要按以下方法操作即可。

（1）选中应用样式的图层，选择菜单中的【图层】|【图层样式】|【混合选项】命令，弹出【图层样式】对话框，在对话框中设置图层的样式，如图 2-76 所示。

图 2-75　选择相应的合并选项

（2）选中应用样式的图层，在【图层】面板中单击底部的【添加图层样式】 fx. 按钮，如图 2-77 所示，在弹出的菜单中选择相应的样式，弹出【图层样式】对话框，即可进一步设置图层样式。

图 2-76　【图层样式】对话框

图 2-77　【图层】面板

## 2.7　应用滤镜

滤镜主要用来实现图像的各种特殊效果。它具有非常神奇的作用。

### 2.7.1　渲染

渲染滤镜可以在图像中创建云彩图案、折射图案和模拟的光反射，也可在 3D 空间中操纵对象，并从灰度文件中创建纹理填充以产生类似 3D 的光照效果。

下面通过实例讲述渲染滤镜的应用，具体操作步骤如下，所涉及的文件如表 2-8 所示。

表 2-8

| 原始文件 | 原始文件 /CH02/ 渲染 .jpg |
| --- | --- |
| 最终文件 | 最终文件 /CH02/ 渲染 .psd |

（1）打开素材文件"原始文件 /CH02/ 渲染 .jpg"，如图 2-78 所示。

（2）选择菜单栏中的【滤镜】|【渲染】|【镜头光晕】命令，如图 2-79 所示。

图 2-78　打开素材文件　　　　　　　　　　图 2-79　选择【镜头光晕】命令

（3）选择以后弹出【镜头光晕】设置框，设置光照效果的相应参数，如图 2-80 所示。

（4）单击【确定】按钮，即可设置光照效果，如图 2-81 所示。

图 2-80　设置光照效果的相应参数　　　　　　图 2-81　设置光照效果

## 2.7.2　风格化

【风格化】滤镜采用置换像素和通过查找并增加图像的对比度的方式，在选区中生成绘画或印象派的效果。它是通过完全模拟真实艺术手法进行创作的。在使用【查找边缘】和【等高线】等突出显示边缘的滤镜后，可选择【反相】命令用彩色线条勾勒彩色图像的边缘或用白色线条勾勒灰度图像的边缘。下面通过实例讲述风格化滤镜的应用，具体操作步骤如下，所涉及的文件如表 2-9 所示。

表 2-9

| 原始文件 | 原始文件 /CH02/ 风格化 .jpg |
| --- | --- |
| 最终文件 | 最终文件 /CH02/ 风格化 .psd |

（1）打开素材文件"原始文件 /CH02/ 渲染 .jpg"，如图 2-82 所示。

（2）选择菜单栏中的【滤镜】|【风格化】|【拼贴】命令，如图 2-83 所示。

图 2-82　打开素材文件　　　　　图 2-83　选择【拼贴】命令

（3）在弹出的【拼贴】对话框中设置【拼贴数】和【最大位移】为 10 和 10%，如图 2-84 所示。

（4）单击【确定】按钮，即可设置拼贴效果，如图 2-85 所示。

 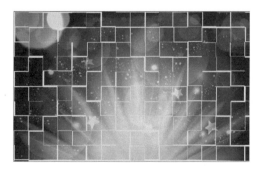

图 2-84　【拼贴】对话框　　　　　图 2-85　设置拼贴效果

## 2.7.3　模糊滤镜

在 Photoshop 中【模糊滤镜】效果共有 6 种，可以使图像中过于清晰或对比度过于强烈的区域产生模糊效果。它通过平衡图像中已定义的线条和遮蔽区域清晰边缘旁边的像素，使其变化显得柔和。

下面通过实例讲述模糊滤镜的应用，具体操作步骤如下，所涉及的文件如表 2-10 所示。

表 2-10

| 原始文件 | 原始文件 /CH02/ 模糊 .jpg |
| --- | --- |
| 最终文件 | 最终文件 /CH02/ 模糊 .psd |

（1）打开素材文件"原始文件 /CH02/ 模糊 .jpg"，如图 2-86 所示。

（2）选择菜单栏中的【滤镜】|【模糊】|【动感模糊】命令，如图 2-87 所示。

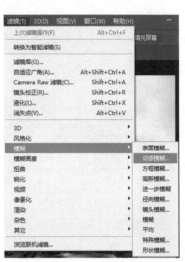

图 2-86　打开素材文件　　　　图 2-87　选择【动感模糊】命令

（3）选择以后弹出【动感模糊】设置页面，设置模糊效果，如图 2-88 所示。

（4）单击【确定】按钮，即可显示模糊效果，如图 2-89 所示。

图 2-88　设置模糊效果　　　　图 2-89　显示模糊效果

## 2.8　实战——滤镜制作蓝色光束

本章主要讲述了 Photoshop CC 入门的基础知识，下面具体讲述实际操作。制作放射光束的重点是【径向模糊】滤镜的应用，可以直接对背景素材或自制的一些纹理模糊进行处理以得到初步的放射光束，然后再用其他滤镜加强及锐化光束，后期再渲染颜色即可，如图 2-90 所示。

图 2-90　蓝色光束效果

下面通过实例讲述滤镜制作蓝色光束的操作步骤，所涉及的文件如表 2-11 所示。

表 2-11

| 原始文件 | 原始文件 /CH02/ 蓝色光束 .jpg |
| --- | --- |
| 最终文件 | 最终文件 /CH02/ 蓝色光束 .psd |
| 学习要点 | 利用滤镜模糊制作背景效果 |

（1）打开素材文件"原始文件 /CH02/ 蓝色光束 .jpg"，如图 2-91 所示。

（2）选择工具箱中的【画笔工具】，在选项栏中单击【点按可打开"画笔预设"选取器】按钮，在弹出的列表框中选择设置画笔，如图 2-92 所示。

图 2-91　打开素材文件　　　　　　　　图 2-92　选择设置画笔

（3）在图像的四周随意涂抹，如图 2-93 所示。

（4）在选项栏中将前景色设置为黑色，在图像中间随意地涂抹，如图 2-94 所示。

（5）选择菜单中的【滤镜】|【风格化】|【凸出】命令，弹出【凸出】对话框，设置凸出的大小和深度，如图 2-95 所示。

（6）单击【确定】按钮，完成凸出效果设置，如图 2-96 所示。

（7）打开【图层】面板，将背景图层拖到【创建新图层】按钮上，复制一个图层，如图 2-97 所示。

（8）选择菜单中的【滤镜】|【风格化】|【查找边缘】命令，设置查找边缘效果，如图 2-98 所示。

图 2-93　涂抹图像

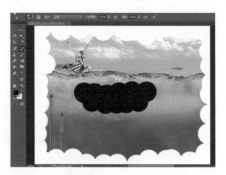

图 2-94　设置为黑色涂抹图像

图 2-95　【凸出】对话框

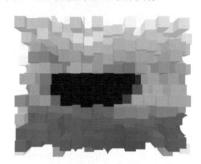

图 2-96　凸出效果

图 2-97　复制图层

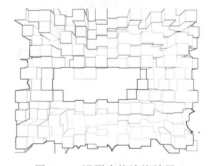

图 2-98　设置查找边缘效果

（9）选择菜单中的【选择】|【反向】命令，设置反向效果，如图 2-99 所示。

（10）打开【图层】面板，将【混合模式】设置为【线性减淡】选项，如图 2-100 所示。

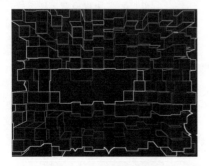

图 2-99　设置反向效果

图 2-100　设置为【线性减淡】选项

（11）设置线性效果，如图 2-101 所示。

（12）选择菜单中的【图层】|【合并可见图层】命令，进行合并图层操作，如图 2-102 所示。

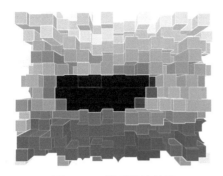

　　图 2-101　设置线性效果　　　　　　　　　　图 2-102　合并图层

（13）选择菜单中的【滤镜】|【模糊】|【径向模糊】命令，打开【径向模糊】对话框，设置模糊参数，如图 2-103 所示。

（14）单击【确定】按钮，完成径向模糊效果设置，如图 2-104 所示。

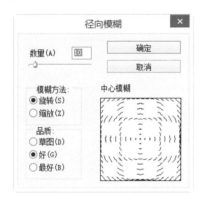

　　图 2-103　【径向模糊】对话框　　　　　　　图 2-104　径向模糊效果

（15）选择工具箱中的【横排文字工具】，在选项栏中设置相应的参数，在舞台中输入文字 Photoshop，如图 2-105 所示。

图 2-105　输入文本

# 第3章

# 处理设计网页图片

Photoshop 是一个功能强大的图像处理软件，可以对各种格式的图片文件进行非常精细与独特的处理。正确使用 Photoshop 处理图片可以增加网页的美观，提高网页的下载速度。

学习目标

- ☑ 几种常见的抠图工具及方法
- ☑ 制作商品倒影的方法
- ☑ 制作格子效果图片
- ☑ 更换图片背景
- ☑ 制作木纹背景图片

## 3.1 几种常见的抠图工具及方法

本节将介绍如何使用 Photoshop 抠图，以及怎么快速得到目标选区的几种方法。

### 3.1.1 通道抠图

通道抠图就是通过通道抠图。抠图时要在颜色通道里观察所抠取的图像以及周围图像的对比度是否清晰，越清晰说明越容易抠出。通过通道抠图可简单快速完成细节复杂的图像，省时又省力。具体操作步骤如下，所涉及的文件如表 3-1 所示。

表 3-1

| 原始文件 | 原始文件 /CH03/ 通道抠图 .jpg |
|---|---|
| 最终文件 | 最终文件 /CH03/ 通道抠图 .psd |

（1）打开素材文件"原始文件 /CH03/ 通道抠图 .jpg"，如图 3-1 所示。

（2）打开【图层】面板，双击背景图层，弹出【新建图层】对话框，如图 3-2 所示。

（3）单击【确定】按钮，解锁背景图层，如图 3-3 所示。

（4）选择菜单中的【窗口】|【通道】命令，打开【通道】面板，将前 3 项去除，留有蓝色，如图 3-4 所示。

图 3-1　打开素材文件

图 3-2　【新建图层】对话框

图 3-3　解锁背景图层

图 3-4　【通道】面板

（5）将【蓝】图层拖到底部的【创建新通道】按钮处，复制新的通道，如图 3-5 所示。

（6）选择菜单中的【图像】|【调整】|【亮度 / 对比度】命令，弹出【亮度 / 对比度】对话框，将【亮度】设置为 39，如图 3-6 所示。

图 3-5　复制通道

图 3-6　【亮度 / 对比度】对话框

（7）单击【确定】按钮，调整亮度对比度，如图 3-7 所示。

（8）选择菜单中的【选择】|【载入选区】命令，弹出【载入选区】对话框，如图 3-8 所示。

（9）单击【确定】按钮，载入选区，如图 3-9 所示。

（10）打开【通道】面板，将【蓝 拷贝】图层去除显示，显示上面的 4 个图层，如图 3-10 所示。

图 3-7　调整亮度对比度　　　　　　　　　　图 3-8　【载入选区】对话框

图 3-9　载入选区　　　　　　　　　　　图 3-10　【通道】面板

（11）选择菜单中的【选择】|【反向】命令，反选图像，如图 3-11 所示。

（12）按 Ctrl+Delete 组合键即可删除选区背景，如图 3-12 所示。

图 3-11　反选图像　　　　　　　　　　图 3-12　删除选区背景

（13）选择菜单中的【文件】|【置入】命令，弹出【置入】对话框，选择要置入的背景图，如图 3-13 所示。

（14）单击【置入】按钮，置入背景图像，如图 3-14 所示。

图 3-13 【置入】对话框　　　　　　　　　　　图 3-14　置入背景图像

## 3.1.2 魔棒抠图

魔棒抠图针对产品和背景有非常明显的色彩或者明度的区别，常与套索工具结合使用。优点是快速，缺点是不适合对复杂的背景对象进行抠图。具体操作步骤如下，所涉及的文件如表3-2所示。

**表 3-2**

| 原始文件 | 原始文件 /CH03/ 魔棒抠图 .jpg |
|---|---|
| 最终文件 | 最终文件 /CH03/ 魔棒抠图 .jpg |

（1）打开素材文件"原始文件 /CH03/ 魔棒抠图 .jpg"，如图 3-15 所示。

（2）打开【图层】面板双击背景图层，解锁图层，如图 3-16 所示。

图 3-15　打开图像　　　　　　　　　　　图 3-16　解锁图层

（3）在工具箱中选择【魔棒工具】，在舞台中单击选择区域，如图 3-17 所示。

（4）按住键盘中的 Shift 键继续在舞台中单击，直到选择了合适的区域，如图 3-18 所示。

（5）按键盘中的 Delete 键删除选择区域，如图 3-19 所示。

（6）选择菜单中的【选择】|【反向】命令，反向图像，按 Ctrl+C 组合键复制图像，如图 3-20 所示。

（7）选择菜单中的【文件】|【打开】命令，在弹出的【打开】对话框中选择图像文件"广告 .jpg"，如图 3-21 所示。

图 3-17 选择区域

图 3-18 选择合适区域

图 3-19 删除选择区域

图 3-20 复制图像

（8）选择菜单中的【编辑】|【粘贴】命令，粘贴抠取的图像，如图 3-22 所示。

图 3-21 打开图像

图 3-22 粘贴图像

### 3.1.3 蒙版抠图

快速蒙版和橡皮擦工具是操作十分简单的抠图工具，只要使用它们，即使是细小的头发丝也可以轻松完成抠取，这时只要在快速蒙版状态下选择与之直径相适应的画笔涂抹即可。具体操作步骤如下，所涉及的文件如表 3-3 所示。

表 3-3

| 原始文件 | 原始文件 /CH03/ 蒙版抠图 .jpg |
|---|---|
| 最终文件 | 最终文件 /CH03/ 蒙版抠图 .png |

（1）打开素材文件"原始文件 /CH03/ 蒙版抠图 .jpg"，如图 3-23 所示。

（2）打开【图层】面板，双击背景图层，弹出【新建图层】对话框，如图 3-24 所示。

图 3-23　打开素材文件　　　　　　　图 3-24　【新建图层】对话框

（3）单击【确定】按钮，解锁图层，如图 3-25 所示。

（4）选择工具箱中的【画笔工具】，在选项栏中单击【点按可打开画笔预设选取器】按钮，在弹出的列表中选择合适的画笔，如图 3-26 所示。

图 3-25　解锁图层　　　　　　　　　图 3-26　选择画笔

（5）在工具箱中单击【以快速蒙版模式编辑】选项，将光标移动到图像上，在舞台中涂抹选择区域，如图 3-27 所示。

（6）按 Q 键退出快速蒙版，回到【图层】面板，即可选择涂抹的区域，如图 3-28 所示。

图 3-27　涂抹选择区域　　　　　　　图 3-28　选择涂抹的区域

（7）按 Delete 键，删除选区的图像，如图 3-29 所示。

（8）选择工具箱中的【铅笔工具】，在选项栏中将【不透明度】设置为 20%，将边缘多余的背景擦除，如图 3-30 所示。

图 3-29　删除选区的图像　　　　　　　　　图 3-30　删除选区

（9）选择菜单中的【文件】|【存储为 Web 所用格式】对话框，弹出【存储为 Web 所用格式】对话框，将预设格式设置为 png，如图 3-31 所示。

（10）单击【存储】按钮，弹出【将优化结果存储为】对话框，如图 3-32 所示。单击【保存】按钮，即可成功将其存储为透明图像。

图 3-31　【存储为 Web 所用格式】对话框　　　图 3-32　【将优化结果存储为】对话框

## 3.2　制作商品倒影的方法

在淘宝上开店少不了商品图片，一幅好的宝贝图片胜过千言万语，每个店主都需要清晰、漂亮的图片来宣传自己的商品。

制作商品倒影的具体操作步骤如下，所涉及的文件如表 3-4 所示。

表 3-4

| 最终文件 | 最终文件 /CH03/ 商品倒影 .psd |
| --- | --- |
| 学习要点 | 制作商品倒影 |

（1）启动 Photoshop CC，选择菜单中的【文件】|【新建】命令，弹出【新建】对话框，将【宽度】设置为 450 像素，【高度】设置为 600 像素，如图 3-33 所示。

（2）单击【确定】按钮，新建空白文档，如图 3-34 所示。

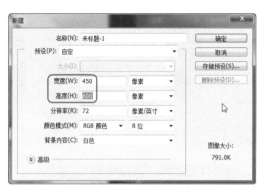

图 3-33 【新建】对话框

图 3-34 新建空白文档

（3）在工具箱中选择【渐变工具】，在选项栏中单击【点按可编辑渐变】，弹出【渐变编辑器】对话框，设置渐变颜色，如图 3-35 所示。

（4）单击【确定】按钮，设置渐变颜色，在选项栏中单击【径向渐变】，在舞台中绘制填充渐变，如图 3-36 所示。

图 3-35 【渐变编辑器】对话框

图 3-36 填充渐变

（5）选择菜单中的【文件】|【置入】命令，弹出【置入】对话框，选择合适的对象，如图 3-37 所示。

（6）单击【置入】按钮，置入图像文件，将其拖动到合适的位置，如图 3-38 所示。

（7）打开【图层】面板，选择置入的图像图层，将其拖放到底部的【新建图层】按钮上，复制图层，如图 3-39 所示。

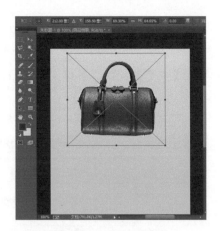

图 3-37　【置入】对话框 　　　　　　　　　　　图 3-38　置入图像文件

（8）选择菜单中的【编辑】|【变形】|【垂直翻转】命令，翻转图像，如图 3-40 所示。

图 3-39　复制图层 　　　　　　　　　　　　图 3-40　翻转图像

（9）打开【图层】面板，单击底部的【添加矢量蒙版】按钮，添加图层蒙版，如图 3-41 所示。

（10）选择工具箱中的【渐变工具】，设置渐变颜色，在舞台中的翻转图像上填充渐变，如图 3-42 所示。

图 3-41　添加图层蒙版 　　　　　　　　　　　图 3-42　填充渐变

（11）打开【图层】面板，将【不透明度】设置为 50%，如图 3-43 所示。

（12）设置以后即可看到倒影效果，如图 3-44 所示。

图 3-43 设置不透明度

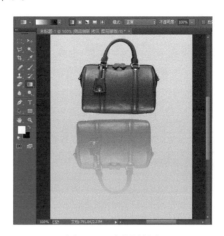

图 3-44 倒影效果

## 3.3 制作格子效果图片

设计的过程中，用到格子的情况也非常多。本节就来学习如何使用简单的格子为照片添加特殊的效果，具体操作步骤如下，所涉及的文件如表 3-5 所示。

表 3-5

| 原始文件 | 原始文件 /CH03/ 格子效果 .jpg |
|---|---|
| 最终文件 | 最终文件 /CH03/ 格子效果 .psd |

（1）打开素材文件"原始文件 /CH03/ 格子效果 .jpg"，如图 3-45 所示。

（2）打开【图层】面板，将背景图层拖到到底部的【创建新图层】按钮上，复制背景图层，如图 3-46 所示。

图 3-45 打开素材文件

图 3-46 复制图层

（3）选择菜单中的【图像】|【调整】|【黑白】命令，弹出【黑白】对话框，设置相应的参数，

如图 3-47 所示。

（4）单击【确定】按钮，黑白效果设置完成，如图 3-48 所示。

图 3-47　【黑白】对话框　　　　　　　　　　图 3-48　黑白效果

（5）选择菜单中的【滤镜】|【扭曲】|【水波】命令，弹出【水波】对话框，设置相应的参数，如图 3-49 所示。

（6）单击【确定】按钮，扭曲效果设置完成，如图 3-50 所示。

图 3-49　【扩散亮光】对话框　　　　　　　　图 3-50　扭曲效果

（7）打开【图层】面板，将不透明度设置为 80%，将图层混合模式改为【柔光】，如图 3-51 所示。

（8）柔光效果设置完成，如图 3-52 所示。

（9）选择工具箱中的【渐变工具】，在选项栏中单击【点按可编辑渐变】按钮，弹出【渐变编辑器】对话框，单击选中渐变颜色，如图 3-53 所示。

（10）单击【确定】按钮，设置渐变颜色，在舞台中绘制填充渐变效果，如图 3-54 所示。

图 3-51 图层混合模式改为【柔光】

图 3-52 柔光效果

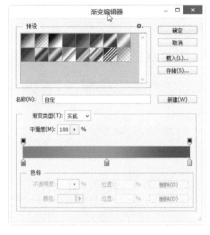

图 3-53 【渐变编辑器】对话框

图 3-54 填充渐变效果

（11）选择菜单中的【编辑】|【首选项】|【参考线、网格和切片】命令，弹出【首选项】对话框，设置参考线，如图 3-55 所示。

（12）打开【图层】面板，单击底部的【创建新图层】按钮，新建图层 1，如图 3-56 所示。

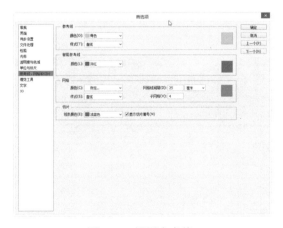

图 3-55 设置参考线

图 3-56 新建图层 1

（13）选择菜单中的【视图】|【显示】|【网格】命令，显示网格效果，如图 3-57 所示。

（14）选择工具箱中【单行选框工具】和【单列选框工具】，按住 Shift 键在网格线上单击选择选区，如图 3-58 所示。

　　图 3-57　显示网格效果　　　　　　　　　　图 3-58　选择选区

（15）将背景色设置为白色，按 Ctrl+Delete 组合键填充所选线框，如图 3-59 所示。

（16）选择工具箱中的【魔棒工具】，在图像上单击方框选择区域，如图 3-60 所示。

 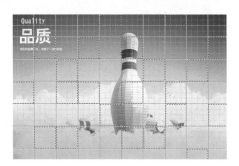

　　图 3-59　填充所选线框　　　　　　　　　　图 3-60　选择区域

（17）选择工具箱中的【渐变工具】，在选项栏中单击【点按可编辑渐变】按钮，弹出【渐变编辑器】对话框，设置渐变颜色，如图 3-61 所示。

（18）单击【确定】按钮，设置渐变颜色，在舞台中绘制即可对选中的区域进行填充，在选项栏中将【不透明度】设置为 24%，如图 3-62 所示。

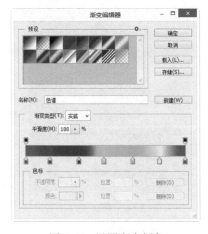 

　　图 3-61　设置渐变颜色　　　　　　　　　　图 3-62　填充区域

## 3.4　更换图片背景

下面通过【魔棒工具】讲述快速更换图像背景的方法，具体操作步骤如下，所涉及的文件如表 3-6 所示。

表 **3-6**

| 原始文件 | 原始文件 /CH03/ 更改背景 .jpg |
|---|---|
| 最终文件 | 最终文件 /CH03/ 更改背景 .psd |

（1）打开素材文件"原始文件 /CH03/ 更改背景 .jpg"，如图 3-63 所示。

（2）打开【图层】面板，双击背景图层，将其解锁，如图 3-64 所示。

图 3-63　打开素材文件　　　　　　　　图 3-64　解锁背景图层

（3）选择工具箱中的【魔棒工具】，在舞台中单击选中区域，如图 3-65 所示。

（4）按住键盘中的 Shift 键，在舞台中继续单击选中区域，如图 3-66 所示。

图 3-65　选中区域　　　　　　　　图 3-66　继续单击选中区域

（5）选择工具箱中的【渐变工具】，在选项栏中单击【点按可编辑渐变】按钮，弹出【渐变编辑器】对话框，设置渐变颜色，如图 3-67 所示。

（6）单击【确定】按钮，设置渐变颜色。在选项栏中将【不透明度】设置为 50%，在舞台中按住鼠标从上向下绘制填充背景，如图 3-68 所示。

图 3-67　设置渐变颜色　　　　　　　　　　　　图 3-68　填充背景

## 3.5　制作木纹背景图片

下面通过实例讲述创建木纹背景的方法，具体操作步骤如下，所涉及的文件如表 3-7 所示。

表 3-7

| 最终文件 | 最终文件 /CH03/ 背景 .psd |
| --- | --- |
| 学习要点 | 制作木纹背景 |

（1）选择菜单中的【文件】|【新建】命令，新建空白文档，在工具箱中设置前景色和背景色，如图 3-69 所示。

（2）选择菜单中的【滤镜】|【渲染】|【纤维】命令，弹出【纤维】对话框，设置【差异】为 14，【强度】设置为 15，如图 3-70 所示。

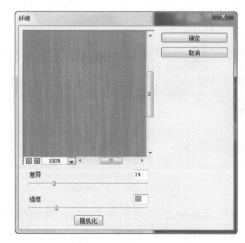

图 3-69　新建文档　　　　　　　　　　　　图 3-70　【纤维】对话框

（3）单击【确定】按钮，纤维效果设置完成，如图 3-71 所示。

（4）选择菜单中的【滤镜】|【模糊】|【动感模糊】命令，弹出【动感模糊】对话框，将【距离】设置为 5 像素，如图 3-72 所示。

图 3-71　纤维效果　　　　　　　　图 3-72　【动感模糊】对话框

（5）单击【确定】按钮，动感模糊效果设置完成，如图 3-73 所示。

（6）选择菜单中的【图像】|【调整】|【色阶】命令，弹出【色阶】对话框，设置其参数，如图 3-74 所示。

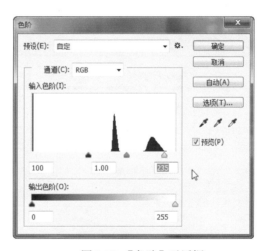

图 3-73　动感模糊效果　　　　　　　图 3-74　【色阶】对话框

（7）单击【确定】按钮，色阶效果设置完成，如图 3-75 所示。

（8）选择工具箱中的【矩形选框工具】，在舞台中绘制选框，按住键盘中的 Shift 键绘制另一个选框，如图 3-76 所示。

（9）选择菜单中的【滤镜】|【扭曲】|【旋转扭曲】命令，弹出【旋转扭曲】对话框，将【角度】设置为 110 度，如图 3-77 所示。

（10）单击【确定】按钮，即可显示旋转扭曲效果，如图 3-78 所示。

图 3-75　色阶效果

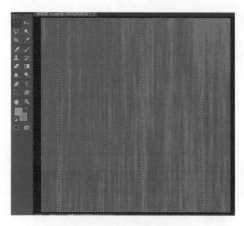

图 3-76　绘制选框

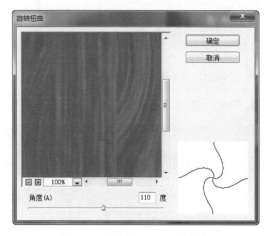

图 3-77　【旋转扭曲】对话框

图 3-78　旋转扭曲效果

# 第 4 章

# 设计网页特效文字

文字在网页图像处理中起着非常重要的作用。利用 Photoshop 可以使文字发生各种各样的变化，并利用这些艺术化处理后的文字为图像增加效果。本章主要介绍常用特效文字的制作方法。漂亮的特效文字已经被广泛的应用到网页按钮、网页广告中，掌握好特效文字的制作方法才能够更好地完善图像处理的效果。

## 学习目标

- ◻ 设计火焰字
- ◻ 设计发光字
- ◻ 设计绿色清新风格文字
- ◻ 设计蓝色荧光字
- ◻ 设计金色质感文字
- ◻ 设计黄金立体字

## 4.1 设计火焰字

本节介绍一种制作火焰字的简单方法——用图层样式来制作，只需要设置一些简单的参数就可以做出效果不错的火焰字。具体操作步骤如下，所涉及的文件如表 4-1 所示。

表 4-1

| 最终文件 | 最终文件 /CH04/ 火焰字 .psd |
|---|---|
| 学习要点 | 火焰字的制作 |

（1）启动 Photoshop CC，新建空白文档。选择工具箱中的【渐变工具】，在选项栏中单击【点按可编辑渐变】按钮，弹出【渐变编辑器】对话框，设置渐变颜色，如图 4-1 所示。

（2）单击【确定】按钮，设置渐变颜色。在选项栏中选择【径向渐变】按钮，在舞台中绘制填充背景，如图 4-2 所示。

（3）选择工具箱中的【横排文字工具】，在选项栏中设置字体类型和大小，在舞台中输入文字"火焰字",如图 4-3 所示。

图 4-1　【渐变编辑器】对话框

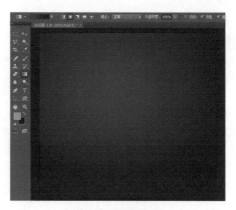

图 4-2　填充背景

(4) 选择菜单中的【图层】|【图层样式】|【投影】命令,弹出【图层样式】对话框,设置投影的【距离】为 11 像素,【大小】为 35 像素,如图 4-4 所示。

图 4-3　输入文字

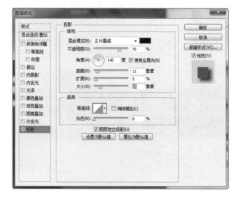

图 4-4　【图层样式】对话框

(5) 单击勾选左边的【外发光】选项,将【混合模式】设置为【颜色减淡】,【大小】设置为 21 像素,如图 4-5 所示。

(6) 单击勾选左边的【斜面和浮雕】选项,将【深度】设置为 400%,【大小】设置为 15 像素,【高光模式】设置为【颜色减淡】选项,如图 4-6 所示。

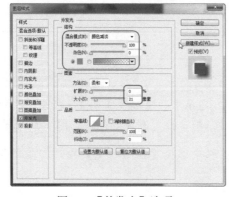

图 4-5　【外发光】选项

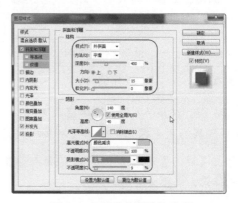

图 4-6　【斜面和浮雕】选项

（7）单击勾选左边的【纹理】选项，单击【图案】按钮，在弹出的图案中选择图案，如图 4-7 所示。

（8）选择以后对图案进行设置，将【缩放】设置为 20%，【深度】设置为 50%，如图 4-8 所示。

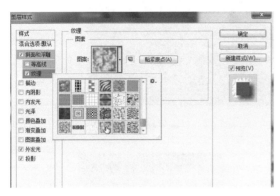
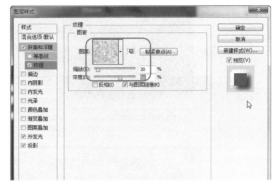

图 4-7 设置图案　　　　　　　　　　图 4-8 设置缩放和深度

（9）单击【确定】按钮，图层样式效果设置完成。打开【图层】面板，将【填充】设置为 0%，如图 4-9 所示。

（10）设置以后效果如图 4-10 所示。

图 4-9 【图层】面板　　　　　　　　图 4-10 设置效果

（11）打开【图层】面板，选择火焰字图层，将其拖动到底部的【创建新图层】按钮上，复制文字图层，将【不透明度】设置为 50%，如图 4-11 所示。

（12）设置后效果如图 4-12 所示。

（13）选择工具箱中的【横排文字工具】，在舞台中输入文字"火焰字"，如图 4-13 所示。

（14）打开【图层】面板，选择输入的文字图层，右击鼠标在弹出的列表中选择【格式化文字】命令，格式化文字层，如图 4-14 所示。

图 4-11　复制图层

图 4-12　设置后效果

图 4-13　输入文字

图 4-14　格式化文字层

（15）选择工具箱中的【魔棒工具】，在舞台中单击选中输入的文字，如图 4-15 所示。

（16）选择工具箱中的【渐变工具】，在选项栏中单击【点按可编辑渐变】按钮，设置渐变颜色，在舞台中从上往下绘制填充渐变，如图 4-16 所示。

图 4-15　选择文字

图 4-16　填充渐变

（17）选择菜单中的【图层】|【图层样式】|【斜面和浮雕】命令，弹出【图层样式】对话框，设置斜面和浮雕效果，如图 4-17 所示。

（18）单击勾选【等高线】选项，将【范围】设置为100%，如图4-18所示。

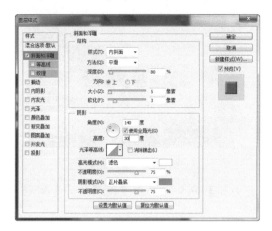 

图 4-17　设置斜面和浮雕效果　　　　图 4-18　【等高线】选项

（19）单击勾选【纹理】选项，将【缩放】设置为350%,【深度】设置为+120%，如图4-19所示。

（20）单击【确定】按钮，火焰文字效果设置完成，如图4-20所示。

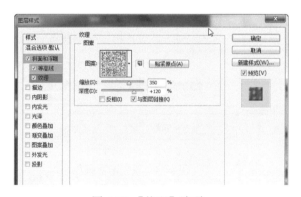 

图 4-19　【纹理】选项　　　　　　图 4-20　火焰文字效果

## 4.2　设计多彩发光字

下面通过【文字工具】和图层样式制作发光文字效果，具体操作步骤如下，所涉及的文件如表4-2所示。

表 4-2

| 原始文件 | 原始文件 /CH04/ 发光文字 .jpg |
| --- | --- |
| 最终文件 | 最终文件 /CH04/ 发光文字 .psd |

（1）打开素材文件"原始文件 /CH04/ 发光文字 .jpg"，如图4-21所示。

（2）选择工具箱中的【横排文字工具】，在选项栏中设置字体类型和大小，输入文字"玫瑰人生"，如图4-22所示。

图 4-21　打开素材文件

图 4-22　输入文字

（3）选择菜单中的【图层】|【图层样式】|【渐变叠加】命令，弹出【图层样式】对话框，如图 4-23 所示。

（4）单击【渐变】右边的按钮，弹出【渐变编辑器】对话框，设置渐变颜色，如图 4-24 所示。

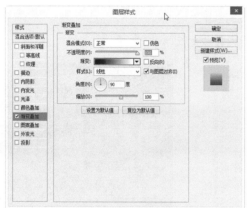
图 4-23　解锁图层

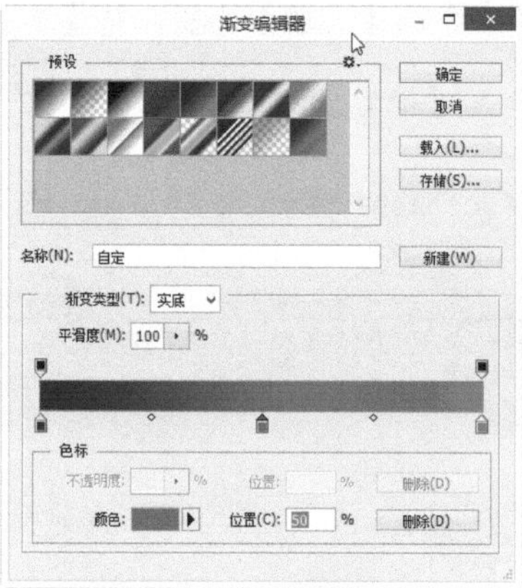

图 4-24　设置渐变颜色

（5）单击【确定】按钮，渐变颜色设置完成，如图 4-25 所示。

（6）单击勾选【投影】选项，将【距离】设置为 13 像素，【大小】设置为 10 像素，如图 4-26 所示。

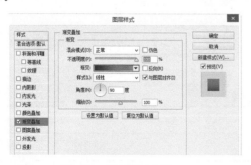
图 4-25　设置渐变颜色

图 4-26　【投影】选项

（7）单击勾选【斜面和浮雕】选项，将【深度】设置为 200%，【软化】设置为 8 像素，如图 4-27 所示。

（8）单击勾选【等高线】选项，将【范围】设置为80%，如图4-28所示。

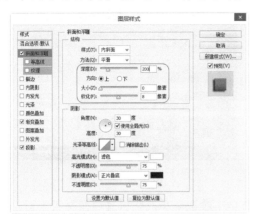 

图4-27 【斜面和浮雕】选项　　　　　　图4-28 【等高线】选项

（9）单击勾选【外发光】选项，将杂色颜色设置为浅黄色，【杂色】设置为80%，【扩展】设置为29%，【大小】设置为10像素，如图4-29所示。

（10）单击【确定】按钮，图层样式效果设置完成，如图4-30所示。

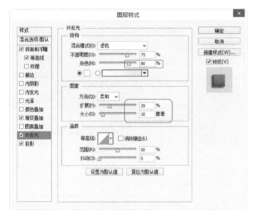 

图4-29 【外发光】选项　　　　　　　图4-30 图层样式效果

## 4.3 设计绿色清新风格文字

本节讲述制作一款清新炫丽文字效果的方法，具体操作步骤如下，所涉及的文件如表4-3所示。

表4-3

| 原始文件 | 原始文件 /CH04/ 清新文字 .jpg |
|---|---|
| 最终文件 | 最终文件 /CH04/ 清新文字 .psd |

（1）打开素材文件"原始文件 /CH04/ 清新文字 .jpg"，如图4-31所示。

（2）选择工具箱中的【横排文字工具】，在选项栏中设置字体类型和大小，在舞台中输入文字"春季新品"，如图4-32所示。

图 4-31　打开素材文件

图 4-32　输入文字

（3）选择菜单中的【图层】|【图层样式】|【斜面和浮雕】命令，弹出【图层样式】对话框，【方法】选择【平滑】，【深度】设置为 200%，【角度】设置为 90 度，【高度】设置为 70 度，如图 4-33 所示。

（4）单击勾选【描边】选项，【填充类型】设置为【渐变】，设置渐变颜色，如图 4-34 所示。

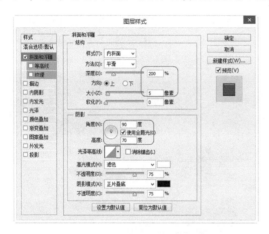

图 4-33　【图层样式】对话框

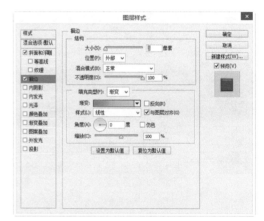

图 4-34　【描边】选项

（5）单击勾选【投影】选项，设置投影效果，如图 4-35 所示。

（6）单击【确定】按钮，图层样式效果设置完成，如图 4-36 所示。

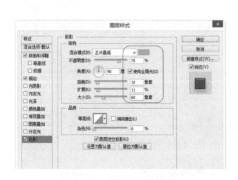

图 4-35　设置投影效果

图 4-36　图层样式

（7）在【图层】面板中单击底部的【创建新图层】按钮，新建图层1，如图4-37所示。

（8）选择工具箱中的【横排文字工具】，在文本的上面输入文字"春季新品"，如图4-38所示。

图4-37 新建图层1　　　　　　　　　　　图4-38 输入文字

（9）选择菜单中的【图层】|【图层样式】|【斜面和浮雕】命令，弹出【图层样式】对话框，设置其参数，如图4-39所示。

（10）单击勾选【投影】选项，设置投影参数，如图4-40所示。

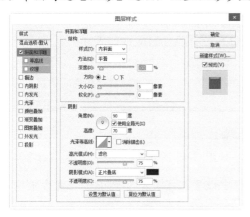

图4-39 【图层样式】对话框　　　　　　　图4-40 设置投影参数

（11）单击【确定】按钮，图层样式效果设置完成，如图4-41所示。

（12）选择菜单中的【滤镜】|【杂色】|【添加杂色】命令，弹出 Adobe Photoshop CC 提示框，如图4-42所示。

图4-41 图层样式效果　　　　　　　　　图4-42 Adobe Photoshop CC 提示框

（13）单击【确定】按钮，弹出【添加杂色】对话框，【数量】设置为 20.62%，如图 4-43 所示。

（14）单击【确定】按钮，镜头光晕效果设置完成，如图 4-44 所示。

图 4-43　【镜头光晕】对话框　　　　　　　　　图 4-44　镜头光晕效果

## 4.4　设计蓝色荧光字

本节讲述蓝色荧光字的制作方法，具体操作步骤如下，所涉及的文件如表 4-4 所示。

表 4-4

| 原始文件 | 原始文件 /CH04/ 荧光 .jpg、top.jpg |
| --- | --- |
| 最终文件 | 最终文件 /CH04/ 荧光 .psd |

（1）打开素材文件"原始文件 /CH04/ 荧光 .jpg"，如图 4-45 所示。

（2）选择工具箱中的【横排文字工具】，在选项栏中设置文字类型和大小，在舞台中输入文字"唯美空间"，如图 4-46 所示。

图 4-45　打开素材文件　　　　　　　　　图 4-46　输入文字

（3）选择菜单中的【图层】|【图层样式】|【斜面和浮雕】命令，弹出【图层样式】对话框，将【方法】设置为【雕刻清新】，【深度】设置为 350%，【大小】设置为 20 像素，如图 4-47 所示。

（4）单击【确定】按钮，图层样式设置完成，如图 4-48 所示。

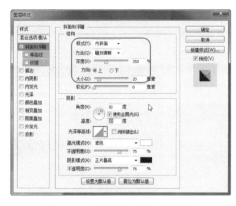

图 4-47 【图层样式】对话框

图 4-48 图层样式

（5）打开素材文件"原始文件 /CH04/top.jpg"，如图 4-49 所示。

（6）选择菜单中的【编辑】|【定义图案】命令，弹出【图案名称】对话框，将【名称】设置为 tu.jpg，如图 4-50 所示。

图 4-49 打开素材文件

图 4-50 【图案名称】对话框

（7）单击【确定】按钮，定义图案。返回到原始文件，在【图层】面板中双击"唯美空间"图层，单击勾选【图案叠加】选项，如图 4-51 所示。

（8）单击【图案】按钮，在弹出的图案中选择刚刚定义的图案，如图 4-52 所示。

图 4-51 【图层样式】对话框

图 4-52 选择图案

（9）单击勾选【颜色叠加】选项，设置【叠加颜色】的不透明度为 70%，如图 4-53 所示。

（10）单击勾选【斜面和浮雕】选项，设置【高光模式】颜色和【阴影模式】颜色，如图 4-54 所示。

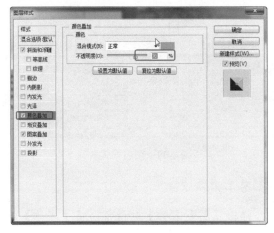

图 4-53　【颜色叠加】选项　　　　　　　　图 4-54　【斜面和浮雕】选项

（11）单击【确定】按钮，图层样式效果设置完成，如图 4-55 所示。

（12）打开【图层】面板，将【唯美空间】图层拖到到底部的【创建新图层】按钮上，复制图层，如图 4-56 所示。

图 4-55　图层样式效果

图 4-56　复制图层

（13）双击复制的图层，弹出【图层样式】对话框，单击取消勾选【颜色叠加】和【图案叠加】选项，单击勾选【纹理】选项，如图 4-57 所示。

（14）设置纹理图案，单击【确定】按钮，纹理效果设置完成，如图 4-58 所示。

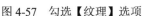

图 4-57　勾选【纹理】选项

图 4-58　图层样式效果

## 4.5　金色质感立体文字

下面讲述金色质感立体文字效果，具体操作步骤如下，所涉及的文件如表 4-5 所示。

表 4-5

| 原始文件 | 原始文件 /CH04/ 金色质感 .jpg |
| --- | --- |
| 最终文件 | 最终文件 /CH04/ 金色质感 .psd |

（1）打开素材文件"原始文件 /CH04/ 金色质感 .jpg"，如图 4-59 所示。

（2）选择工具箱中的【横排文字工具】，在选项栏中设置字体类型和大小，在舞台中输入文字"新春快乐"，如图 4-60 所示。

图 4-59　打开素材文件

图 4-60　输入文字

（3）选择菜单中的【图层】|【图层样式】|【斜面和浮雕】命令，弹出【图层样式】对话框，设置【高光模式】和【阴影模式】颜色，如图 4-61 所示。

（4）单击勾选【纹理】选项，单击【图案】按钮，在弹出的列表中选择图案，如图 4-62 所示。

（5）单击勾选【描边】选项，【填充类型】选择【渐变】，单击【渐变】按钮，弹出【渐变编辑器】对话框，设置渐变颜色，如图 4-63 所示。

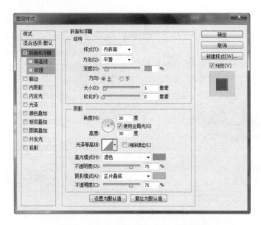
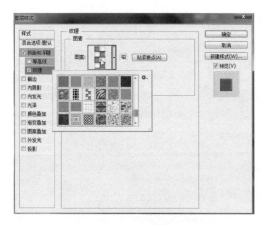

图 4-61 【图层样式】对话框　　　　　图 4-62 选择图案

（6）单击【确定】按钮，渐变颜色设置完成。如图 4-64 所示。

图 4-63 设置渐变颜色　　　　　图 4-64 渐变颜色

（7）单击勾选【渐变叠加】选项，打开渐变叠加编辑器，设置渐变颜色，如图 4-65 所示。

（8）单击勾选【投影】选项，将【距离】设置为 14 像素，【扩展】设置为 5 像素，如图 4-66 所示。

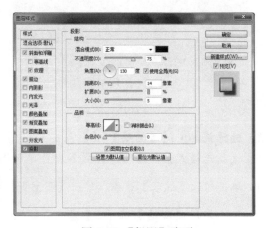

图 4-65 【渐变叠加】选项　　　　　图 4-66 【投影】选项

（9）单击【确定】按钮，设置图层样式，如图4-67所示。

（10）打开【图层】面板，选择"新春快乐"图层，将其拖到底部的【创建新图层】按钮上，复制图层并将【填充】设置为0%，如图4-68所示。

图4-67　设置图层样式

图4-68　复制图层

（11）双击复制的图层，打开【图层样式】对话框，取消勾选原来的图层样式，勾选【斜面和浮雕】选项，【样式】设置为【浮雕效果】，设置【高光模式】和【阴影模式】样式颜色，如图4-69所示。

（12）单击勾选【描边】选项，将【填充类型】设置【渐变】，如图4-70所示。

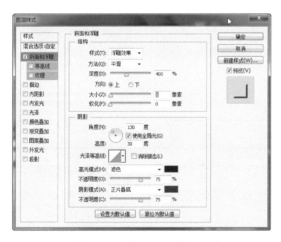

图4-69　【斜面和浮雕】选项

图4-70　【描边】选项

（13）单击勾选【内阴影】选项，设置其参数，如图4-71所示。

（14）单击勾选【投影】选项，将【距离】设置为10像素，【扩展】设置为20%，【大小】设置为10像素，如图4-72所示。

（15）单击【确定】按钮，图层样式设置完成，如图4-73所示。

（16）选中文本将其向上移动一段距离，使其产生立体效果，如图4-74所示。

 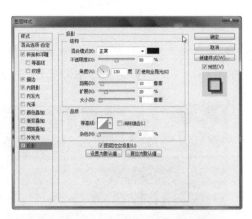

　　图 4-71　设置【内阴影】选项　　　　　　　　图 4-72　【投影】选项

　　图 4-73　设置图层样式　　　　　　　　　　图 4-74　立体效果

## 4.6　设计黄金立体字

下面通过实例讲述创建木纹背景的方法，具体操作步骤如下，所使用的文件如表 4-6 所示。

表 4-6

| 原始文件 | 原始文件 /CH04/ 黄金立体字 .jpg |
|---|---|
| 最终文件 | 最终文件 /CH04/ 黄金立体字 .psd |

（1）打开素材文件"原始文件 /CH04/ 荧光字 .jpg"，如图 4-75 所示。

（2）选择工具箱的【横排文字工具】，在选项栏中设置字体类型和大小，在舞台中输入文字"浪漫满屋"，如图 4-76 所示。

　　图 4-75　打开素材文件　　　　　　　　　　图 4-76　输入文字

（3）选择菜单中的【图层】|【图层样式】|【渐变叠加】命令，弹出【图层样式】对话框，如图 4-77 所示。

（4）单击【渐变】按钮，弹出【渐变编辑器】对话框，设置渐变颜色，如图 4-78 所示。

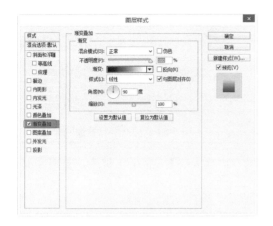

图 4-77 【图层样式】对话框　　　　　　　　图 4-78 设置渐变颜色

（5）单击【确定】按钮，渐变颜色效果设置完成，如图 4-79 所示。

（6）在【图层】面板中选择【浪漫满屋】图层，将其拖动到舞台底部的【创建新图层】按钮上，复制图层，右击复制的图层在弹出的列表中选择【格式文本】选项，如图 4-80 所示。

（7）选择工具箱中的【魔棒工具】，单击选中文本，如图 4-81 所示。

图 4-79 设置渐变颜色效果　　　图 4-80 格式文本　　　图 4-81 选中文本

（8）选择菜单中的【选择】|【修改】|【羽化】命令，弹出【羽化选区】对话框，将【羽化半径】设置为 2 像素，如图 4-82 所示。

（9）单击【确定】按钮，羽化选区完成，如图 4-83 所示。

（10）选择菜单中的【图层】|【图层样式】|【渐变叠加】命令，弹出【图层样式】对话框，设置渐变叠加颜色，如图 4-84 所示。

图 4-82 【羽化选区】对话框

（11）单击勾选【投影】选项，将【距离】和【大小】设置为 15 像素，如图 4-85 所示。

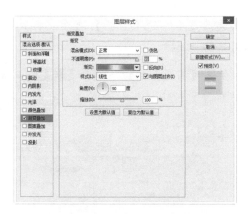

图 4-83　羽化选区　　　　　　　　　　　图 4-84　设置渐变叠加颜色

（12）单击勾选【内发光】选项，将【阻塞】设置为 70%，【大小】设置为 8 像素，如图 4-86 所示。

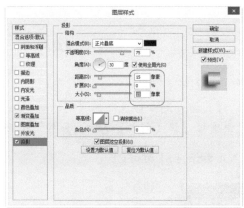

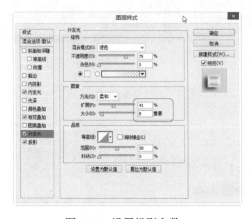

图 4-85　【投影】选项　　　　　　　　　　图 4-86　【内发光】选项

（13）单击勾选【外发光】选项，将【扩展】设置为 41%，【大小】设置为 8 像素，如图 4-87 所示。

（14）单击【确定】按钮，即可设置黄金立体字，效果如图 4-88 所示。

图 4-87　设置投影参数　　　　　　　　　　图 4-88　设置黄金立体字效果

# 第5章  设计网页 Logo 与按钮

按钮是网页中最常见的元素之一，从简单的个人网站到复杂的商业网站，到处都能看到各种各样的网页按钮。这些按钮一般设计精巧、立体感强，将其应用到网页中，既能吸引浏览者的注意，又美化了网页。本章就来讲述各种网页按钮和导航栏的制作方法。

Logo 是网站形象的重要体现，Logo 设计是网站形象设计的核心因素，设计一款优秀的 Logo，可以提升品牌的视觉形象。

### 学习目标

- 网站 Logo 的制作
- 静态标识 Logo 的制作
- 网站动态 Logo 的制作
- 制作绿色环保 Logo
- 网页按钮设计技巧
- 制作按钮
- 制作透明按钮

## 5.1　网站 Logo 的制作

Logo 具有举足轻重的作用，是网站或企业形象的集中体现。Logo 设计的一般要求是能够反映出网站的类型和内容，这样才能在第一时间吸引浏览者，提高网站的点击率。

### 5.1.1　网站 Logo 设计的标准

Logo 是标志、徽标的意思，网站 Logo 即网站标志，它出现在站点的每一个页面上，是网站给人的第一印象。一个极具视觉冲击力的 Logo 设计，会吸引更多的访问者。

网站 Logo 的设计要能够充分体现该公司的核心理念，设计要求简约、大气、色彩搭配合理、美观、印象深刻。网站 Logo 设计有以下标准。

（1）符合企业的 VI 总体设计要求。

（2）要有良好的造型。

（3）设计要符合传播对象的直观接受能力、习惯、社会心理、习俗与禁忌。

（4）标志设计一定要注意识别性。识别性是企业标志的基本功能。通过整体规划和设计的视觉符号必须具有独特的个性和强烈的冲击力。

## 5.1.2　网站 Logo 的规范

设计 Logo 时，面向应用的各种条件所作出的相应规范，对指导网站的整体建设有着极现实的意义。具体须规范 Logo 的标准色、设计可能被应用的恰当的背景配色体系、反白、在清晰表现 Logo 的前提下制订 Logo 最小的显示尺寸，为 Logo 制订一些特定条件下的配色及辅助色带等。为了便于在 Internet 上进行信息的传播，需要一个统一的国际标准。关于网站的 Logo，目前有以下 3 种规格。

- 88×31 像素：这是 Internet 上最普遍的友情链接 Logo。这个 Logo 主要是放在别人的网站显示的，让其他网站的用户单击这个 Logo 进入网站。几乎所有网站的友情链接都使用此规格。
- 120×60 像素：这种规格用于一般大小的 Logo，一般用在首页上的 Logo 广告。
- 120×90 像素：这种规格用于大型 Logo。

## 5.2　制作绿色环保 Logo

本教程将讲述如何用 Photoshop 制作一个绿色环保图标，主要用到了图层样式，具体操作步骤如下，所涉及的文件如表 5-1 所示。

表 5-1

| 最终文件 | 最终文件 /CH05/logo.psd |
| --- | --- |
| 学习要点 | logo 的制作 |

（1）启动 Photoshop CC，选择菜单中的【文件】|【新建】命令，弹出新建文档的对话框，如图 5-1 所示。

（2）单击【确定】按钮，新建空白文档。选择工具箱中的【椭圆工具】，在选项栏中将【填充】颜色设置为绿色，在舞台中按住鼠标左键绘制椭圆，如图 5-2 所示。

（3）选择菜单中的【图层】|【图层样式】|【投影】命令，弹出【图层样式】对话框，将【距离】设置为 5 像素，【大小】设置为 15 像素，如图 5-3 所示。

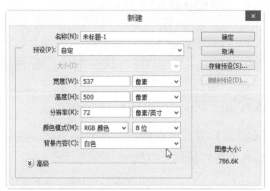

图 5-1　新建文档的对话框

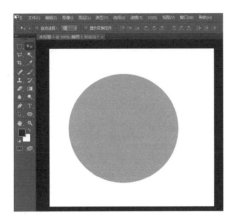

图 5-2 绘制椭圆

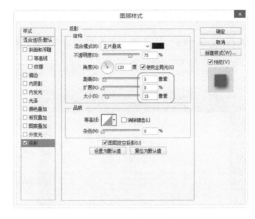

图 5-3 输入文字

（4）单击【确定】按钮，图层样式效果设置完成，如图 5-4 所示。

（5）打开【图层】面板，选择【椭圆 1】图层，将其拖动到底部的【创建新图层】按钮上，复制图层副本，如图 5-5 所示。

（6）双击复制的图层去除原来的投影选项，单击勾选【渐变叠加】选项，设置渐变叠加颜色，将【角度】设置为 90 度，如图 5-6 所示。

图 5-4 图层样式效果　　图 5-5 复制图层副本　　　　图 5-6 【渐变叠加】选项

（7）单击【确定】按钮，图层样式效果设置完成，如图 5-7 所示。

（8）选择工具箱中的【自定义形状工具】，在选项栏中单击【形状】按钮，在弹出的列表框中选择形状【冬青树】，如图 5-8 所示。

图 5-7 图层样式效果

图 5-8 选择形状

（9）在舞台中按住鼠标左键绘制形状，如图 5-9 所示。

（10）选择菜单中的【图层】|【图层样式】|【外发光】命令，弹出【图层样式】对话框，设置其参数，如图 5-10 所示。

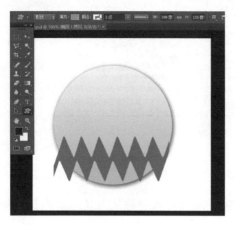
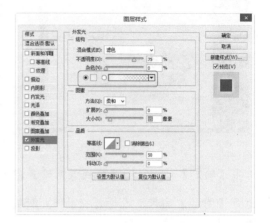

图 5-9　绘制形状　　　　　　　　图 5-10　【图层样式】对话框

（11）单击勾选【渐变叠加】按钮，单击渐变按钮，弹出【渐变编辑器】对话框，设置渐变颜色，如图 5-11 所示。

（12）单击【确定】按钮，渐变颜色设置完成，将【不透明度】设置为 81%，【角度】设置为 80 度，如图 5-12 所示。

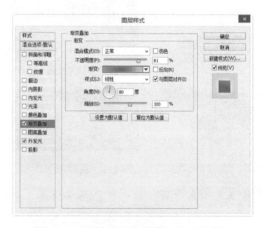

图 5-11　【渐变编辑器】对话框　　　　图 5-12　设置【不透明度】和【角度】

（13）单击勾选【光泽】选项，将【混合模式】设置为【叠加】，【角度】设置为 19 度，【距离】设置为 50 像素，【大小】设置为 14 像素，如图 5-13 所示。

（14）单击【确定】按钮，图层样式设置完成，如图 5-14 所示。

（15）选择工具箱中的【横排文字工具】，在舞台中单击选中输入的文字"明升净水"，如图 5-15 所示。

（16）选择菜单中的【图层】|【图层样式】|【投影】命令，弹出【图层样式】对话框，设置

其参数，如图 5-16 所示。

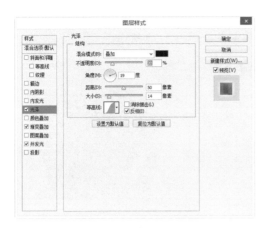 

图 5-13　输入文字　　　　　　　　　　图 5-14　设置图层样式

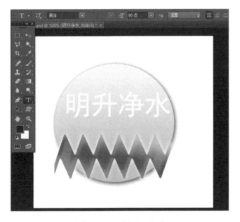 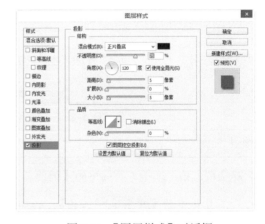

图 5-15　输入文字　　　　　　　　　　图 5-16　【图层样式】对话框

（17）单击勾选【描边】选项，将【大小】设置为 10 像素，【颜色】设置为绿色，如图 5-17 所示。

（18）单击【确定】按钮，图层样式效果设置完成，如图 5-18 所示。

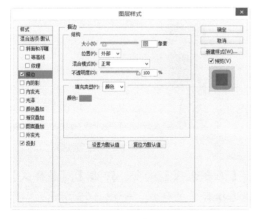 

图 5-17　【描边】选项　　　　　　　　图 5-18　图层样式效果

（19）单击选项栏中的【创建文字变形】按钮，弹出【变形文字】对话框，将【弯曲】设置为 +25%，如图 5-19 所示。

（20）单击【确定】按钮，变形文字效果设置完成，如图 5-20 所示。

图 5-19　【变形文字】对话框

图 5-20　设置变形文字效果

## 5.3　网站动态 Logo 的制作

下面讲述动态网站 Logo 的制作方法，具体操作步骤如下，所涉及的文件如表 5-2 所示。

表 5-2

| 最终文件 | 最终文件 /CH05/ 动态 Logo.gif |
| --- | --- |
| 学习要点 | 动态 Logo 的制作 |

（1）新建空白文档，选择工具箱中的【椭圆工具】，在舞台中绘制蓝色椭圆，如图 5-21 所示。

（2）选择工具箱中的【矩形选框工具】，选择椭圆的下半部分，按键盘中的 Delete 键删除选区，如图 5-22 所示。

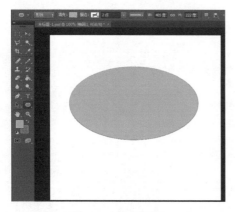

图 5-21　绘制椭圆

图 5-22　删除选区

（3）选择菜单中的【图层】|【图层样式】|【混合选项】命令，弹出【图层样式】对话框，单击左边的【样式】按钮，在弹出的列表中选择合适的样式，如图 5-23 所示。

（4）单击【确定】按钮，图层样式效果设置完成，如图 5-24 所示。

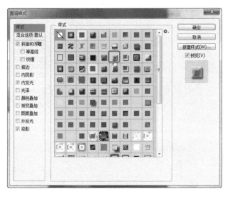

图 5-23　【图层样式】对话框　　　　图 5-24　图层样式效果

（5）选择工具箱中的【自定义形状工具】，单击选择选项栏中的【形状】按钮，在弹出的列表框中选择【太阳 1】形状，如图 5-25 所示。

（6）选择图形以后，在舞台中按住鼠标左键，在舞台中绘制形状，如图 5-26 所示。

图 5-25　选择形状　　　　　　　图 5-26　绘制形状

（7）选择菜单中的【图层】|【图层样式】|【描边】命令，弹出【图层样式】对话框，将【大小】设置为 2 像素，【颜色】设置为浅黄色，如图 5-27 所示。

（8）单击【确定】按钮，图层样式效果设置完成，如图 5-28 所示。

图 5-27　【图层样式】对话框　　　　图 5-28　图层样式效果

（9）选择工具箱中的【自定义形状工具】，在选项栏中单击【形状】按钮，在弹出的列表中选择合适的形状，在舞台中按住鼠标左键绘制形状，如图 5-29 所示。

（10）选择菜单中的【图层】|【图层样式】|【渐变叠加】命令，弹出【图层样式】对话框，在

弹出的对话框中单击【渐变】按钮，弹出【渐变编辑器】对话框，设置渐变颜色，如图 5-30 所示。

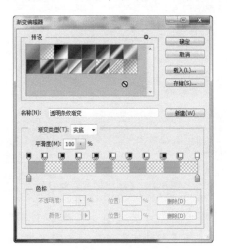

图 5-29　绘制形状　　　　　　　　　图 5-30　【渐变编辑器】对话框

（11）单击【确定】按钮，设置渐变颜色，将【缩放】设置为 110%，如图 5-31 所示。

（12）单击【确定】按钮，图层样式设置完成，如图 5-32 所示。

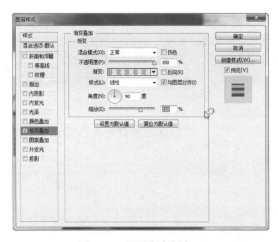

图 5-31　设置渐变颜色　　　　　　　　图 5-32　图层样式效果

（13）选择工具箱中的【横排文字工具】，在舞台中输入文字"东升海洋馆"，如图 5-33 所示。

（14）选择菜单中的【图层】|【图层样式】|【混合选项】命令，弹出【图层样式】对话框，单击左边的【样式】选项，在弹出的列表中选择合适的样式，如图 5-34 所示。

（15）单击【确定】按钮，图层样式设置完成，如图 5-35 所示。

（16）在【图层】面板中选择【东升海洋馆】图层，将其拖动到【创建新图层】按钮上，复制图层，如图 5-36 所示。

（17）双击复制的图层，弹出【图层样式】对话框，去掉原来的图层样式选项，选择合适的图层样式，如图 5-37 所示。

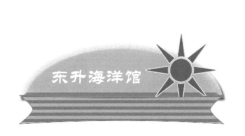

图 5-33 输入文字

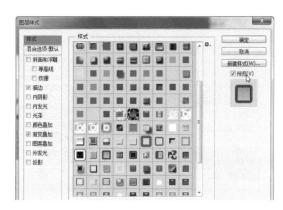

图 5-34 【图层样式】对话框

图 5-35 图层样式效果

图 5-36 复制图层

（18）单击【确定】按钮，图层样式效果设置完成，在【图层】面板中去掉选择【东升海洋馆】图层，如图 5-38 所示。

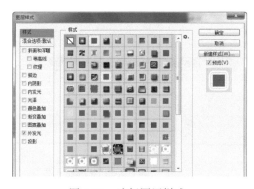

图 5-37 选择图层样式

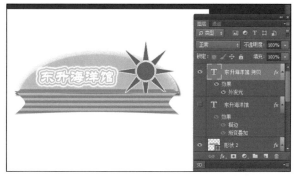

图 5-38 图层样式效果

（19）选择菜单中的【窗口】|【时间轴】命令，打开【时间轴】面板，单击【复制所选帧】按钮，复制一帧，如图 5-39 所示。

（20）选择第 2 帧，打开【图层】面板，隐藏"东升海洋馆拷贝"图层，如图 5-40 所示。

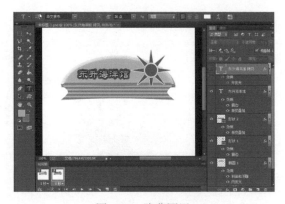

图 5-39　复制帧　　　　　　　　　　图 5-40　隐藏图层

（21）单击【时间轴】面板中的【0 秒】，在弹出的列表中选择 1.0，如图 5-41 所示。

（22）重复步骤 21，将第 2 帧帧延迟时间设置为 1 秒，如图 5-42 所示。

图 5-41　设置帧延迟时间　　　　　　图 5-42　设置帧延迟时间

（23）单击底部的【一次】按钮，在弹出的列表中选择【永远】选项，如图 5-43 所示。

（24）选择菜单中的【文件】|【存储为 Web 所用格式】选项，弹出【存储为 Web 所用格式】对话框，将【预设】设置为 gif，如图 5-44 所示。

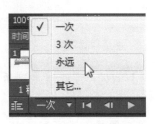
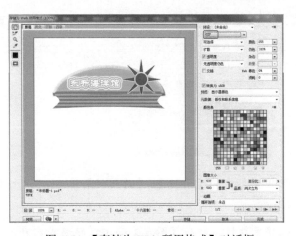

图 5-43　选择【永远】选项　　　　　图 5-44　【存储为 Web 所用格式】对话框

段1

（25）单击【存储】按钮，弹出【将优化结果存储为】对话框，将【文件名】设置为【动态 Logo】，如图 5-45 所示。

（26）单击【保存】按钮，制作动态 Logo 效果完成，如图 5-46 所示。

图 5-45　【将优化结果存储为】对话框　　　　图 5-46　动态 Logo 效果

## 5.4　网页按钮设计技巧

漂亮的按钮可以修饰网页，使得网页图像更加美观、更富立体感。最常用的按钮设计工具是 Photoshop，利用其图层样式和文字工具，可以很方便地制作出美观的按钮。

### 5.4.1　按钮的视觉表现

按扭的视觉表现手法主要有以下几种元素，而实际设计中为了让效果拉开主次，可能会同时使用多种方法。

（1）按钮本身的用色

按钮本身的颜色应该区别于它周边的环境色，因此它要更亮而且是有高对比度的颜色。

（2）按钮的位置

按钮的位置也需要仔细考究，基本原则是要容易找到，特别重要的按钮应该处在画面的中心位置。

（3）按钮上面的文字表述

在按钮上使用什么文字这一点非常重要，需要言简意赅、直接明了，如注册、下载、创建、免费试玩等，甚至有时候用"点击进入"。总之，按扭上的文字越简单、越直接越好。

（4）按钮的尺寸

通常来讲，在一个页面当中按钮的大小也决定了其本身的重要级别，但也不是越大越好，尺寸应该适中，因为按钮大到一定程度，会让人觉得那不像按钮而是一块区域，难以诱发点击欲望。

（5）充分通透按钮不能和网页中的其他元素挤在一起

它需要充足的外边距（margin）才能更加突出，另外，较大的内边距（padding）能让文字更容易阅读。

（6）注意鼠标滑过的效果

较为重要的按钮可适当加一些鼠标滑过的效果，这会有力地增强用户单击按钮的欲望，带来良好的用户体验，起到画龙点睛的作用。这里要注意的是，鼠标滑动效果不太适合按钮集中的地方，因为若每个按钮都增加高亮的鼠标滑过效果，会产生杂乱的视觉印象，影响用户浏览的舒适度，所以要强调的是"恰当"二字。

### 5.4.2　网页按钮制作技巧

在众多游戏官网中，可以看到各式各样的游戏按钮，相对于一般商务型按钮来讲，游戏性

按钮更加在意的是质感上面的表现，比如金属、石头、玻璃、木头、塑胶等，通过质感的选择来表达游戏本身的特质。如图 5-47 所示的游戏按钮。

结合游戏本身的某些特点，可努力找到一些不同于常规按钮的特点，比如圆角处的凸起、下面中间部分的延展图纹，然后进行细腻刻画，最后在整个网站里进行统一的应用，让人印象深刻。虽然只是页面里的一些功能按钮，却让用户深刻地记住了这个网站。因此，

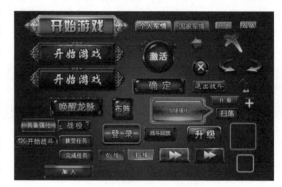

图 5-47　游戏按钮

在对游戏按钮进行设计的时候，要尽可能结合游戏的特质挖掘其独特性，细腻地刻画按钮，然后应用到系统中，达到视觉上的统一。

## 5.5　制作透明按钮

本节讲述制作透明按钮的方法，具体操作步骤如下，所涉及的文件如表 5-3 所示。

表 5-3

| 原始文件 | 原始文件 /CH05/ 透明按钮 .jpg |
| --- | --- |
| 最终文件 | 最终文件 /CH05/ 透明按钮 .psd |

（1）打开素材文件"原始文件 /CH05/ 透明按钮 .jpg"，如图 5-48 所示。

（2）选择菜单中的【滤镜】|【渲染】|【光照】命令，设置光照属性，如图 5-49 所示。

图 5-48 打开素材文件

图 5-49 光照属性

（3）单击【确定】按钮，光照效果设置完成，如图 5-50 所示。

（4）选择工具箱中的【圆角矩形工具】，在舞台中绘制圆角矩形，如图 5-51 所示。

图 5-50 光照效果

图 5-51 绘制圆角矩形

（5）打开【图层】面板，右击【圆角矩形 1】图层，在弹出的列表中选择【格式化图层】选项，格式化图层，将【填充】设置为 0%，如图 5-52 所示。

（6）双击绘制的元件矩形，弹出【图层样式】对话框，单击勾选【内发光】选项，如图 5-53 所示。

图 5-52 打开图像文件

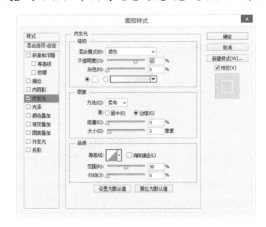

图 5-53 【内发光】选项

（7）单击勾选【内阴影】选项，将【混合模式】设置为【正常】，【距离】和【大小】设置为 8 像素，如图 5-54 所示。

（8）单击勾选【投影】选项，将【不透明度】设置为 50%，如图 5-55 所示。

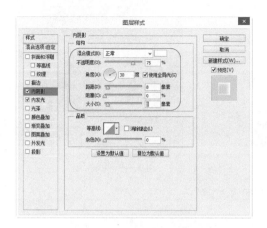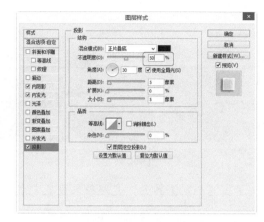

图 5-54 【内阴影】选项　　　　　　　　图 5-55 【投影】选项

（9）单击【确定】按钮，图层样式效果设置完成，如图 5-56 所示。

（10）选择工具箱中的【横排文字工具】，在按钮上面输入文字"立即抢购"，如图 5-57 所示。

图 5-56 图层样式效果　　　　　　　　图 5-57 输入文字

## 5.6 制作高光质感水晶按钮

下面讲述制作高光质感水晶按钮的方法，具体操作步骤如下，所涉及的文件如表 5-4 所示。

表 5-4

| 最终文件 | 最终文件 /CH05/ 水晶按钮 .psd |
|---|---|
| 学习要点 | 高光质感水晶按钮的制作 |

（1）启动 Photoshop CC，选择菜单中的【文件】|【新建】命令，弹出【新建】对话框，将【背景内容】设置为【背景色】，如图 5-58 所示。

（2）单击【确定】按钮，新建空白文档。选择工具箱中的【圆角矩形工具】，在选项栏中将【半径】设置为100，【填充】颜色为白色，在舞台中按住鼠标左键绘制圆角矩形，如图5-59所示。

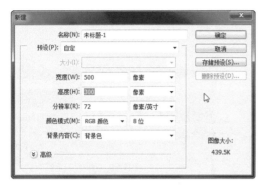

图5-58 【新建】对话框

图5-59 绘制圆角矩形

（3）选择菜单中的【图层】|【图层样式】|【外发光】命令，弹出【图层样式】对话框，将【颜色】设置为浅蓝色，【大小】设置为5像素，如图5-60所示。

（4）单击勾选【渐变叠加】选项，单击【渐变】按钮，设置渐变颜色，如图5-61所示。

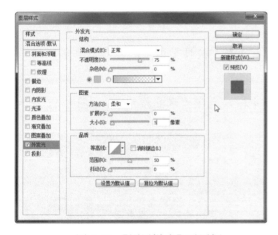

图5-60 【图层样式】对话框

图5-61 设置渐变颜色

（5）单击【确定】按钮，图层样式设置完成，如图5-62所示。

（6）选择工具箱中的【圆角矩形工具】，在圆角矩形上面绘制新的矩形。打开【图层】面板，将【填充】设置为50%，如图5-63所示。

图5-62 图层样式

图5-63 绘制圆角矩形

（7）选中【圆角矩形 1】图层，将其拖动到底部的【创建新图层】按钮，复制图层并将其向下拖动，单击底部的【添加图层蒙版】按钮，如图 5-64 所示。

（8）选择工具箱中的【渐变工具】，在选项栏中单击【点按可编辑渐变】按钮，弹出【渐变编辑器】对话框，设置渐变颜色，如图 5-65 所示。

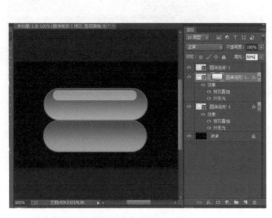

图 5-64　复制图层　　　　　　　　　　　图 5-65　【渐变编辑器】对话框

（9）单击【确定】按钮，设置渐变颜色，对【圆角矩形 1 拷贝】图层进行渐变填充，使其产生立体效果，如图 5-66 所示。

（10）选择工具箱中的【横排文字工具】，在舞台中输入文字"水晶按钮"，如图 5-67 所示。

图 5-66　填充渐变矩形　　　　　　　　　　图 5-67　输入文字

## 5.7　制作放射灯光按钮

Photoshop 制作放射灯光按钮，效果非常漂亮，下面通过实例讲述制作放射灯光按钮的方法，具体操作步骤如下，所涉及的文件如表 5-5 所示。

表 5-5

| 最终文件 | 最终文件 /CH05/ 灯光按钮 .psd |
| --- | --- |
| 学习要点 | 灯光按钮的制作 |

（1）新建空白文档，选择工具箱中的【矩形工具】，在舞台中绘制矩形，如图 5-68 所示。

（2）打开【图层】面板，将【矩形 1】图层拖到到底部的【创建新图】层按钮上，复制出两个图层并将其隐藏，如图 5-69 所示。

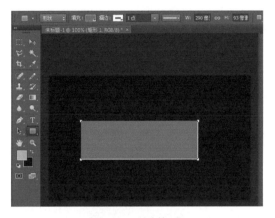

图 5-68　绘制矩形　　　　　　　　　　图 5-69　复制图层

（3）选择【矩形 1】图层，选择菜单中的【图层】|【图层样式】|【内阴影】命令，弹出【图层样式】对话框，将【混合模式】设置为【线性光】，【不透明】度设置为100%，【大小】设置为 20 像素，如图 5-70 所示。

（4）单击【渐变叠加】选项，单击渐变按钮弹出【渐变编辑器】对话框，设置渐变颜色，如图 5-71 所示。

图 5-70　【图层样式】对话框　　　　　图 5-71　设置渐变颜色

（5）单击【确定】按钮，填充渐变设置完成，如图 5-72 所示。

（6）单击【确定】按钮，渐变颜色设置完成，如图 5-73 所示。

图 5-72　设置填充渐变颜色

图 5-73　渐变颜色效果

（7）选择【矩形 1 拷贝】，然后选择菜单中的【编辑】|【变换】|【扭曲】命令，对图形进行扭曲变形，如图 5-74 所示。

（8）在【图层】面板中将【不透明度】设置为 20%，如图 5-75 所示。

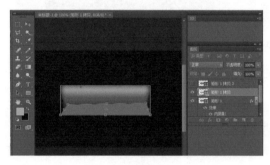

图 5-74　扭曲变形

图 5-75　设置不透明度

（9）选择【矩形 1 拷贝 2】，选择菜单中的【编辑】|【变换】|【扭曲】命令，对图形进行扭曲变形，在【图层】面板中将【不透明度】设置为 20%，如图 5-76 所示。

（10）选择工具箱中的【矩形工具】，在矩形的左侧绘制矩形，如图 5-77 所示。

图 5-76　设置不透明度

图 5-77　绘制矩形

（11）选择菜单中的【图层】|【图层样式】|【内阴影】命令，弹出【图层样式】对话框，将【大小】设置为 5 像素，如图 5-78 所示。

（12）单击勾选【渐变叠加】选项，设置渐变，如图 5-79 所示。

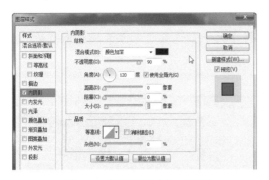

图 5-78　【图层样式】对话框　　　　　　　　　图 5-79　【渐变叠加】选项

（13）单击【确定】按钮，图层样式效果设置完成，如图 5-80 所示。

（14）打开【图层】面板，单击选择【矩形 2】图层，将其拖动到底部的【创建新图层】按钮复制图层，在舞台中将矩形拖动到圆角矩形的右侧，如图 5-81 所示。

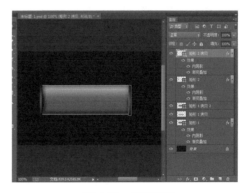

图 5-80　图层样式效果　　　　　　　　　　图 5-81　复制图层

（15）打开【图层】面板，单击选择【矩形 2 拷贝】图层，将其拖动到底部的【创建新图层】按钮上复制图层，将复制的图层拖到舞台上面，选择菜单中的【编辑】|【变换】|【旋转 90 度】命令，旋转矩形如图 5-82 所示。

（16）将变换后的矩形拉长，并将其拖动到圆角矩形的上面，如图 5-83 所示。

图 5-82　旋转矩形　　　　　　　　　　图 5-83　变长圆角矩形

（17）打开【图层】面板，单击选择【矩形 2 拷贝 2】图层，将其拖动到底部的【创建新图层】按钮上复制图层，将复制的图层拖到舞台下面，如图 5-84 所示。

（18）选择工具箱中的【铅笔工具】，在选项栏中将【大小】设置为 1 像素，在圆角矩形上上面单击绘制一点，如图 5-85 所示。

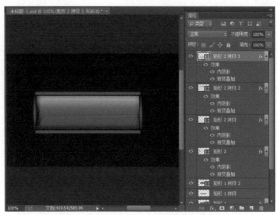

图 5-84　复制图层　　　　　　　　　　　　图 5-85　绘制一点

（19）选择菜单中的【图层】|【图层样式】|【投影】命令，弹出【图层样式】对话框，将【混合模式】设置为【亮光】，【不透明度】设置为 30%，【扩展】设置为 50%，【大小】设置为 80 像素，如图 5-86 所示。

（20）单击【确定】按钮，图层样式效果设置完成，如图 5-87 所示。

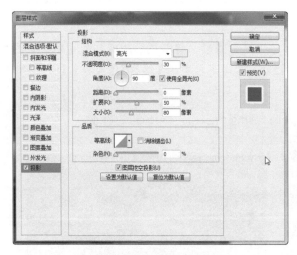

图 5-86　【图层样式】对话框　　　　　　　　　图 5-87　图层样式效果

（21）将【图层 1】拖动到【图层】面板底部的【创建新图层】按钮上，复制出两个图层，在舞台中将其拖动到合适的位置，如图 5-88 所示。

（22）选择工具箱中的【横排文字工具】，在舞台中输入文字"灯光按钮"，如图 5-89 所示。

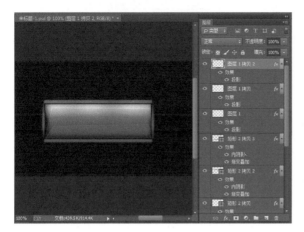

图 5-88　复制图层　　　　　　　　　　　　　　图 5-89　输入文字

# 第6章

# 设计网络广告和海报

简单地说，网络广告就是在网络平台上投放的广告。它是在互联网刊登或发布广告，通过网络传递到互联网用户的一种高科技广告运作方式。利用 Photoshop 不仅可设计网络广告，还可以设计出精美的海报和贺卡。

学习目标

- 网络广告的制作
- 促销广告
- 设计圣诞贺卡
- 时尚产品海报

## 6.1 网络广告的制作

网页广告制作，是一项依据主页到下层页的树状链接结构，通过操作返航按钮进行的设计。一个企业站点上的不同网页可能表达不同的广告内容，但必须体现一个企业整体的形象，所以，必须设计统一的网页形式以体现统一的企业风格，加强广告传播的同一性、延续性和律动性，以增进广告传播的力度和效果。

下面是网站广告中文字设计的一些经验方法。

### 1. 文字的基本排列混搭

设计网络广告时，千万不要把一行文字硬生生地放上去，因为那会让你的网络广告显得呆板木讷。这是很多新手设计师应该注意的地方。这时候我们就需要做一些文字排列混搭的设计。

- 大小和颜色的混搭。
- 排列组合的混搭。
- 不同字体之间的混搭。
- 中英文字体的混搭。

下面我们可以看一看设计师所设计的简单的文字混搭的网络广告作品，如图 6-1 所示。

图 6-1 网络广告作品

## 2. 文字的倾斜与斜切

根据背景构图的不同表现更有视觉冲击力的文字内容时，我们可以尝试对文字进行倾斜或
斜切透视等处理。普通的文字排列平平稳稳，
方正有矩，可以用倾斜或者斜切打破这种
"稳定的构图"，让画面更有动感和层次感，
如图 6-2 所示。

图 6-2 倾斜文字

## 3. 让文字形成相对独立的区域

有些时候背景颜色比较复杂，或背景展现了
比较多的其他元素，就需要让文字放在一个
相对独立的区域或色块中。如果没有相对独
立的区域，就要自己设计创造出这个独立区域和色块。这样更便于文字阅读，也能增强文
字的视觉焦点效果，如图 6-3 所示。

## 4. 文字变形的魅力

设计网络广告和专题头图时，经常用到文字变形，好的文字变形可以提升文字的趣味性，
同时烘托 banner 和页面，如图 6-4 所示。

图 6-3 独立区域

图 6-4 文字变形

## 5. 文字的 3D 应用

3D 文字效果的应用在 banner 设计中十分常见。如果你肯花多一点的时间在材质或者光影上，
就可以做出令人满足的 3D 文字效果。如图 6-5 所示。

#### 6. 生活中的字体元素

在设计中国传统节日字体时，经常要用到一些中国风的元素，如毛笔字。在生活中字体元素，如毛笔字、粉笔字、字帖等，可用于网络广告。这时如果再配合合适的背景和主题，那你的设计就会营造出更独特的中国风氛围。如图 6-6 所示。

图 6-5　3D 文字效果　　　　　　　　　　　图 6-6　字体元素

## 6.2　促销广告

下面就通过实例来讲述 banner 促销广告的设计方法，具体操作步骤如下，所涉及的文件如表 6-1 所示。

表 6-1

| 最终文件 | 最终文件 /CH06/ 促销广告 .psd |
| --- | --- |
| 学习要点 | 促销广告的制作 |

（1）启动 Photoshop CC，选择菜单中的【文件】|【新建】命令，弹出【新建】对话框，将【宽度】设置为 950 像素，【高度】设置为 400 像素，如图 6-7 所示。

（2）单击【确定】按钮，新建空白文档。选择工具箱中的【渐变工具】，在选项栏中单击【点按可编辑渐变】按钮，弹出【渐变编辑器】对话框设置渐变颜色，如图 6-8 所示。

图 6-7　【新建】对话框　　　　　　　　　　图 6-8　【渐变编辑器】对话框

（3）单击【确定】按钮设置渐变颜色，在舞台中从上倒下绘制渐变，如图 6-9 所示。

（4）选择工具箱中的【椭圆工具】，在舞台中绘制白色椭圆，如图 6-10 所示。

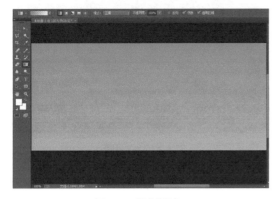

图 6-9　绘制渐变

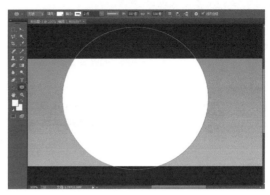

图 6-10　绘制椭圆

（5）选择菜单中的【图层】|【图层样式】|【投影】命令，弹出【图层样式】对话框，将【大小】设置为 25 像素，如图 6-11 所示。

（6）单击【确定】按钮，图层样式设置完成，如图 6-12 所示。

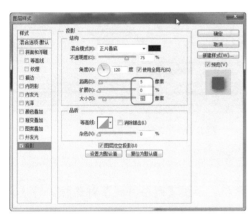

图 6-11　【图层样式】对话框

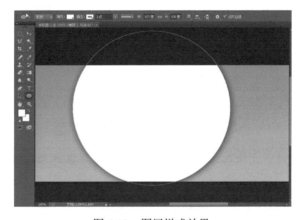

图 6-12　图层样式效果

（7）选择工具箱中的【椭圆工具】，在选项栏中设置【填充】颜色为 #81511c，在舞台中绘制椭圆，如图 6-13 所示。

（8）选择工具箱中的【椭圆工具】，在选项栏中设置填充颜色，在舞台中绘制椭圆，如图 6-14 所示。

（9）在【图层】面板中右击椭圆图层格式化图层，选择工具箱中的【魔棒工具】，单击选中椭圆，单击工具箱中的【渐变工具】按钮，弹出【渐变编辑器】对话框，设置渐变颜色，如图 6-15 所示。

（10）单击【确定】按钮设置渐变颜色，在选项栏中单击【径向渐变】，填充椭圆渐变颜色，如图 6-16 所示。

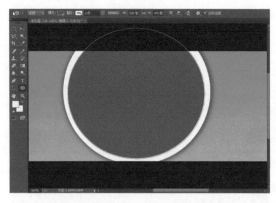

图 6-13　绘制椭圆

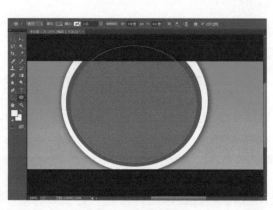

图 6-14　绘制椭圆

图 6-15　绘制形状

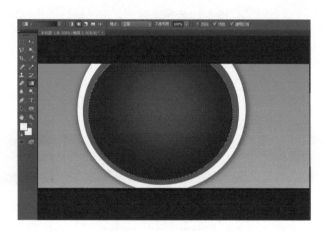

图 6-16　设置渐变颜色

（11）选择工具箱中的【椭圆工具】，在舞台中绘制白色椭圆，如图 6-17 所示。

（12）选择菜单中的【图层】|【图层样式】|【投影】命令，弹出【图层样式】对话框，将【大小】设置为 25 像素，如图 6-18 所示。

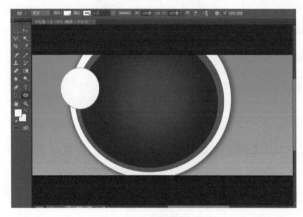

图 6-17　绘制椭圆

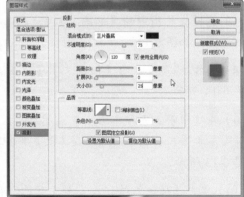

图 6-18　【图层样式】对话框

（13）单击勾选【描边】选项，将【大小】设置为3像素,【颜色】设置为 #f8ff30，如图6-19所示。

（14）单击【确定】按钮，图层样式设置完成，如图6-20所示。

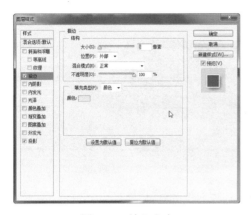

图6-19 输入文字

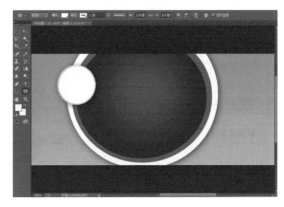

图6-20 设置图层样式

（15）同步骤（11）～（14）绘制另一个椭圆，如图6-21所示。

（16）打开一个图像文件，选择工具箱中的【椭圆选框工具】，绘制选择区域，按Ctrl+C组合键复制选区，如图6-22所示。

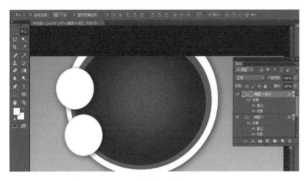

图6-21 绘制椭圆

图6-22 绘制择区域

（17）返回到原始文件，按Ctrl+V组合键粘贴图像，选择菜单中的【编辑】|【变换】|【缩放】命令，缩放图像如图6-23所示。

（18）同步骤16-17粘贴另一个图像，如图6-24所示。

图6-23 缩放图像

图6-24 粘贴图像

（19）打开一个透明图像，按 Ctrl+A 组合键全选图像，按 Ctrl+C 组合键复制图像，如图 6-25 所示。

（20）返回原始文档，按 Ctrl+V 组合键粘贴图像，如图 6-26 所示。

图 6-25　复制图像　　　　　　　　　　　　　　　　　图 6-26　粘贴图像

（21）选择菜单中的【图层】|【图层样式】|【外发光】选项，设置外发光参数，如图 6-27 所示。

（22）单击【确定】按钮，图层样式效果设置完成，如图 6-28 所示。

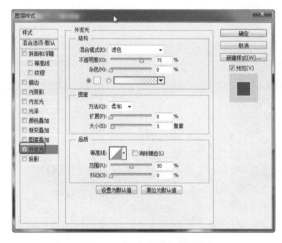 

图 6-27　设置外发光参数　　　　　　　　　　　　　　图 6-28　图层样式效果

（23）选择工具箱中的【横排文字工具】，在舞台中输入文字"新店开业"，如图 6-29 所示。

（24）选择菜单中的【图层】|【图层样式】|【渐变叠加】命令，弹出【图层样式】对话框，单击【渐变】按钮，弹出【渐变编辑器】对话框，设置渐变颜色，如图 6-30 所示。

（25）单击【确定】按钮设置渐变颜色，如图 6-31 所示。

（26）单击勾选【投影】选项，设置投影参数，如图 6-32 所示。

（27）单击【确定】按钮，图层样式效果设置完成，如图 6-33 所示。

（28）选择工具箱中的【横排文字工具】，在舞台中输入其余的文本效果，如图 6-34 所示。

图 6-29 输入文字　　　　　　　图 6-30 【渐变编辑器】对话框

图 6-31 设置渐变颜色　　　　　　图 6-32 设置投影参数

图 6-33 图层样式效果　　　　　　图 6-34 输入文字

## 6.3 设计圣诞贺卡

本节主要来学习运用素材合成制作漂亮的圣诞节贺卡的方法，包括学习文字的输入、图层样式的运用和简单的动画制作技巧，具体操作步骤如下，所涉及的文件如表6-2所示。

表 **6-2**

| 原始文件 | 原始文件 /CH06/ 圣诞贺卡 .jpg、铃铛 .png、圣诞老人 .png |
|---|---|
| 最终文件 | 最终文件 /CH06/ 圣诞贺卡 .psd |

（1）启动 Photoshop CC，打开素材文件"原始文件 /CH06/ 圣诞贺卡 .jpg"，如图 6-35 所示。

（2）选择工具箱中的【横排文字工具】，在选项栏中设置字体，字体大小设置为 80 像素，在舞台中输入文字"圣诞"，如图 6-36 所示。

图 6-35　打开素材文件　　　　　　　　　　图 6-36　输入文字

（3）选择菜单中的【图层】|【图层样式】|【投影】命令，弹出【图层样式】对话框，设置其参数，如图 6-37 所示。

（4）单击勾选【外发光】选项，将【杂色】设置为 100%，颜色设置为黄色，如图 6-38 所示。

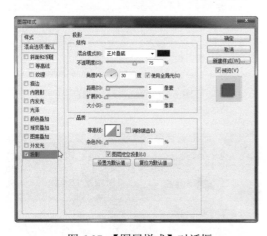 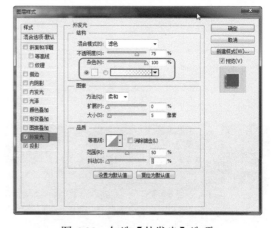

图 6-37　【图层样式】对话框　　　　　　　图 6-38　勾选【外发光】选项

（5）单击勾选【渐变叠加】选项，设置渐变颜色，如图 6-39 所示。

（6）单击【确定】，图层样式设置完成，如图 6-40 所示。

（7）重复步骤（2）～（6）输入文字"快乐"，将字体大小设置为 120 像素，如图 6-41 所示。

（8）选择菜单中的【文件】|【置入】命令，弹出【置入】对话框，选择图像"圣诞老人 .png"，如图 6-42 所示。

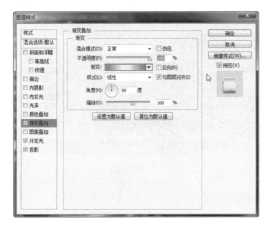

图 6-39 【渐变叠加】选项

图 6-40 绘制形状

图 6-41 输入文字

图 6-42 【置入】对话框

（9）单击【置入】按钮，置入图像文件，调整图像的大小和位置，如图 6-43 所示。

（10）重复步骤（8）～（9）置入图像"铃铛 .png"，将其拖动到合适的位置，如图 6-44 所示。

图 6-43 置入图像

图 6-44 置入图像

（11）选择工具箱中的【自定义形状工具】，在选项栏中单击【形状】按钮，在弹出的列表框中选择【五角星】形状，如图 6-45 所示。

（12）在舞台中按住鼠标左键绘制形状，如图 6-46 所示。

图 6-45　选择形状

图 6-46　绘制形状

（13）选择菜单中的【图层】|【图层样式】|【混合选项】命令，弹出【图层样式】对话框，单击左边的【样式】选项，在弹出的列表中选择合适的样式，如图 6-47 所示。

（14）单击【确定】按钮，图层样式设置完成，如图 6-48 所示。

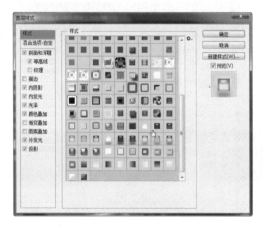

图 6-47　【图层样式】对话框

图 6-48　图层样式效果

（15）重复步骤（12）～（14）绘制多个星形，设置图层样式，如图 6-49 所示。

（16）在【图层】面板中选择【形状 1】图层、【形状 15】图层，将其拖放到底部的【创建新新图层】按钮上，复制多个图层，将【不透明度】设置为 20%，如图 6-50 所示。

图 6-49　绘制多个星形效果

图 6-50　复制图层

（17）选择菜单中的【窗口】|【时间轴】命令，打开【时间轴】面板，如图 6-51 所示。

（18）单击底部的【复制所选帧】按钮，复制帧，如图 6-52 所示。

图 6-51 【时间轴】面板

图 6-52 复制帧

（19）选择第 1 帧，打开【图层】面板，隐藏【形状 1 拷贝 16】到【形状 1 拷贝 31】，如图 6-53 所示。

（20）选择第 2 帧，打开【图层】面板，隐藏【形状 1】到【形状 1 拷贝 15】，如图 6-54 所示。

图 6-53 隐藏图层

图 6-54 隐藏图层

（21）单击【时间轴】面板中的【0 秒】，在弹出的列表中选择【1.0】，如图 6-55 所示。

（22）重复步骤（21），将第 2 帧帧延迟时间设置为 1 秒，如图 6-56 所示。

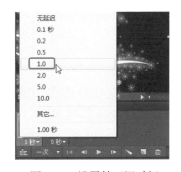

图 6-55 设置帧延迟时间

图 6-56 设置帧延迟时间

（23）单击底部的【一次】按钮，在弹出的列表中选择【永远】选项，如图 6-57 所示。

（24）选择菜单中的【文件】|【存储为 Web 所用格式】选项，弹出【存储为 Web 所用格式】对话框，将【预设】设置为 gif，如图 6-58 所示。

图 6-57　选择【永远】选项　　　　图 6-58　【存储为 Web 所用格式】对话框

（25）单击【存储】按钮，弹出【将优化结果存储为】对话框，将【文件名】设置为"圣诞贺卡 .gif"，如图 6-59 所示。

（26）单击【保存】按钮，保存图像。预览效果如图 6-60 所示。

图 6-59　【将优化结果存储为】对话框　　　　图 6-60　预览效果

## 6.4　时尚产品海报

本节讲述使用 Photoshop 设计时尚的水花以装饰化妆品海报的方法，其核心是将一张图片的化妆品效果图合成到海报中，具体操作步骤如下，所涉及的文件如表 6-3 所示。

表 6-3

| 原始文件 | 原始文件 /CH06/ 产品海报 .jpg |
|---|---|
| 最终文件 | 最终文件 /CH06/ 产品海报 .psd |

（1）启动 Photoshop CC，新建空白文档，选择工具箱中的【渐变工具】，在选项栏中单击【点按可编辑渐变】按钮，弹出【渐变编辑器】对话框，设置渐变颜色，如图 6-61 所示。

（2）单击【确定】按钮，渐变颜色设置完成。在舞台的右下角向上拖动绘制渐变背景，如图 6-62 所示。

图 6-61 【渐变编辑器】对话框

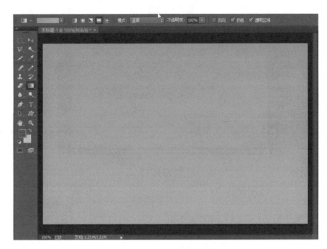

图 6-62 绘制渐变背景

（3）选择菜单中的【文件】|【打开】|命令，打开图像文件，选择工具箱中的【魔棒工具】，单击选中区域，如图 6-63 所示。

（4）选择菜单中的【选择】|【修改】|【羽化】命令，弹出【羽化选区】对话框，将【羽化半径】设置为 1 像素，如图 6-64 所示。

图 6-63 打开图像

图 6-64 【羽化选区】对话框

（5）单击【确定】按钮，羽化半径，按 Ctrl+C 组合键复制选区，如图 6-65 所示。

（6）返回到原始文件，按 Ctrl+Enter 组合键粘贴选区，如图 6-66 所示。

（7）选择工具箱中的【画笔工具】，在选项栏中单击【点按可打开"画笔预设"选取器】按钮，打开画笔列表框，选择合适的画笔，将【大小】设置为 180 像素，如图 6-67 所示。

（8）单击【确定】按钮，画笔设置完成，在舞台中单击绘制画笔，如图 6-68 所示。

图 6-65　设置图层样式

图 6-66　粘贴选区

图 6-67　选择画笔

图 6-68　绘制画笔

（9）在舞台中多次单击，使其形成雨水效果，重复步骤（3）～（6），置入另外一个图像，如图 6-69 所示。

（10）选择工具箱中的【横排文字工具】，在舞台中输入文字"抢年货 把美丽带回家"，如图 6-70 所示。

图 6-69　置入图像

图 6-70　输入文字

（11）选择菜单中的【图层】|【图层样式】|【混合选项】命令，弹出【图层样式】对话框，单击【样式】选项，选择合适的样式，如图 6-71 所示。

（12）单击【确定】按钮，图层样式设置完成，如图 6-72 所示。

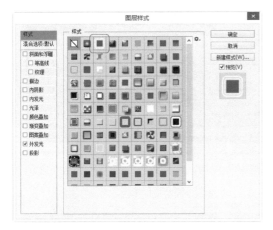
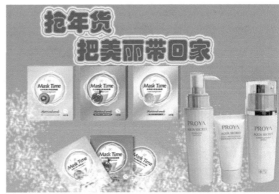

图 6-71 【图层样式】对话框          图 6-72 图层样式效果

（13）选择工具箱中的【画笔工具】，设置画笔大小，在舞台中单击绘制画笔，如图 6-73 所示。

（14）选择工具箱中的【横排文字工具】，在舞台中输入文字"立即抢购吧！"，如图 6-74 所示。

图 6-73 绘制画笔效果          图 6-74 输入文字

（15）在选项中单击【创建文字变形】按钮，弹出【变形文字】对话框，将【弯曲】设置为 +20%，如图 6-75 所示。

（16）单击【确定】按钮，变形效果设置完成，如图 6-76 所示。

（17）选择菜单中的【图层】|【图层样式】|【描边】命令，弹出【图层样式】对话框，设置描边颜色和大小，如图 6-77 所示。

（18）单击【确定】按钮，图层样式设置完成，如图 6-78 所示。

图 6-75　【变形文字】对话框　　　　　　　　图 6-76　变形效果

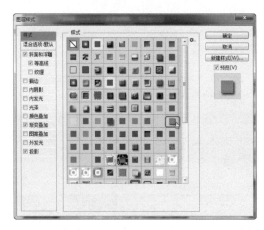

图 6-77　【图层样式】对话框　　　　　　　图 6-78　图层样式效果

# 第7章

# 创建切片与设计网页动画

Photoshop 切片的使用，使得整个图片可以分为多个不同的小图片分别下载，能够大大缩短下载时间。在目前互联网带宽还受到条件限制的情况下，可以运用切片来减少网页加载时间而又不影响图片的效果。使用 Photoshop 还可以轻松制作出 GIF 动画。

## 学习目标

- 快速制作 Web 文件
- 创建与编辑切片
- 优化与导出切片图像
- 动画面板
- 横幅动态 Banner

## 7.1　快速切割网页文件

切片是网页制作过程中非常重要的一个步骤，其操作会直接影响到网页的后期制作。一般使用 Photoshop 对网页的效果图或者大幅的图片进行切割。

下面就通过实例讲述快速切割网页文件的方法，具体操作步骤如下，所涉及的文件如表 7-1 所示。

表 7-1

| 原始文件 | 原始文件 /CH07/Web.jpeg |
|---|---|
| 最终文件 | 最终文件 /CH07/Web.html |

（1）启动 Photoshop CC，打开素材文件，原始文件 /CH07/Web.jpeg，如图 7-1 所示。

（2）选择工具箱中的【切片工具】，在舞台中按住鼠标左键绘制切片，如图 7-2 所示。

（3）按住鼠标左键在舞台中绘制多个切片，如图 7-3 所示。

（4）选择菜单中的【文件】|【存储为 Web 所用格式】命令，弹出【存储为 Web 所用格式】对话框，如图 7-4 所示。

图 7-1　打开图像文件

图 7-2　绘制切片

图 7-3　绘制多个切片

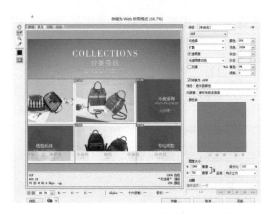

图 7-4　【存储为 Web 所用格式】对话框

（5）单击【存储】按钮，打开【将优化结果存储为】对话框，将【格式】选择【HTML 和图像】选项，如图 7-5 所示。

（6）单击【保存】按钮，将文件保存为 html 格式，预览效果如图 7-6 所示。

图 7-5　【将优化结果存储为】对话框

图 7-6　预览效果

## 7.2 创建与编辑切片

切片可以将一幅大图分割为一些小的图像，然后在网页中通过没有间距和宽度的表格重新将这些小的图像没有缝隙地拼接起来，成为一幅完整的图像。这样做可以缩小图像的大小，减少网页的加载时间，还能将图像的一些区域用 HTML 来代替。

### 7.2.1 创建切片

切片工具是 Photoshop 软件自带的平面图片切割工具。使用切片工具可以将一个完整的网页切割为许多小图片，以便于从网络上下载。创建切片的具体操作步骤如下。

（1）打开素材文件"切片 .jpg"，选择工具箱中的【切片工具】，如图 7-7 所示。

（2）将光标置于要创建切片的位置，按住鼠标左键拖动，拖动到合适的切片大小开始绘制，如图 7-8 所示。

图 7-7　打开素材文件　　　　　　　　　　图 7-8　绘制切片

### 7.2.2 编辑切片

如果切片大小不合适，还可以调整和编辑切片，具体操作步骤如下。

（1）打开创建好切片的图像文件，右击鼠标，在弹出的快捷菜单中选择【划分切片】命令，如图 7-9 所示。

（2）弹出【划分切片】对话框，将划分切片的【垂直划分为】设置为 5，如图 7-10 所示。

（3）单击【确定】按钮，划分切片完成，如图 7-11 所示。

（4）在图像上右击，在弹出的快捷菜单中选择【编辑切片选项】命令，弹出【切片选项】对话框，在对话框中可以设置切片的 URL、目标、信息文本等，如图 7-12 所示。

图 7-9　选择【划分切片】命令

图 7-10　【划分切片】对话框

图 7-11　划分切片

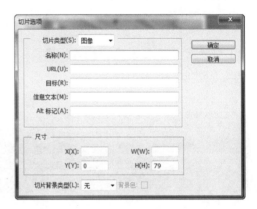

图 7-12　【切片选项】对话框

## 7.3　优化与导出切片图像

网页优化涉及方方面面，图片优化则是其中的重要手段之一。本节就来讲述网页图像的优化。下面讲述网站优化与导出的具体操作步骤。

（1）启动 Photoshop CC，打开素材文件，如图 7-13 所示。

（2）选择菜单中的【文件】|【存储为 Web 所用格式】工具，弹出【存储为 Web 所用格式】对话框，单击【优化】选项，如图 7-14 所示。

（3）单击【存储】按钮，弹出【将优化结果存储为】对话框，将文件【格式】设置为【仅限图像】，如图 7-15 所示。单击【保存】按钮，即可优化存储图像。

图 7-13　打开素材文件

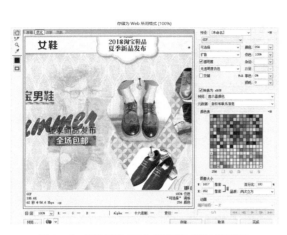

图 7-14 【存储为 Web 所用格式】对话框

图 7-15 【将优化结果存储为】对话框

## 7.4 动画面板

动画是在一段时间内显示的一系列图像或帧,当每一帧较前一帧都有轻微的变化时,连续快速地显示帧,就会产生运动或其他变化的视觉效果。GIF 动画制作相对简单,可通过时间轴制作。打开【时间轴】面板,有帧动画和时间轴动画两种模式可以选择。

### 7.4.1 时间轴动画面板

时间轴动画相对来说要专业很多,与 Flash 及一些专业影视制作软件类似,在制作之前,需要设定好动画的展示方式,再做出分层图层,接着在时间轴设置各层的展示位置及动画时间等。图 7-16 所示为动画【时间轴】面板。

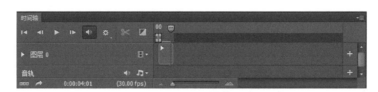

图 7-16 动画【时间轴】面板

### 7.4.2 帧动画面板

帧动画相对来说直观很多,其每一帧的缩略图在动画面板中都能看到。制作之前需要先设定好动画的展示方式,然后用 Photoshop 做出分层图,接着在动画面板新建帧,把展示的动画分帧设置好,再设定好时间和过渡等即可播放预览。

帧动画的所有元素都放置在不同的图层中,通过对每一帧隐藏或显示不同的图层可以改变其内容,而不必一遍又一遍地复制和改变整个图像。每个静态元素只需创建一个图层即可,而运动元素则可能需要若干个图层才能制作出平滑过渡的运动效果。如图 7-17 所示的帧

【时间轴】面板。

图 7-17　帧【时间轴】面板

## 7.5　横幅动态 Banner

本节主要来学习运用素材合成制作漂亮的圣诞节贺卡的方法，包括文字的输入、图层样式的运用和简单的动画制作，具体操作步骤如下，所涉及的文件如表 7-2 所示。

表 7-2

| 原始文件 | 原始文件 /CH07/banner1.jpg、原始文件 /CH07/banner2.jpg |
| --- | --- |
| 最终文件 | 最终文件 /CH07/banner.gif |

（1）启动 Photoshop CC，打开素材文件"原始文件 /CH07/banner1.jpg"，如图 7-18 所示。

（2）选择工具箱中的【文件】|【置入】|命令，弹出【置入】对话框，选择素材文件"原始文件 /CH07/banner2.jpg"，如图 7-19 所示。

图 7-18　打开素材文件

图 7-19　【置入】对话框

（3）单击【置入】按钮，置入素材文件，如图 7-20 所示。

（4）打开【图层】面板，单击底部的【创建新图层】按钮，新建【图层 1】，如图 7-21 所示。

（5）选择工具箱中的【横排文字工具】，在舞台中输入文字，如图 7-22 所示。

（6）选择菜单中的【图层】|【图层样式】|【外发光】命令，弹出【图层样式】对话框，设置其参数，如图 7-23 所示。

图 7-20　置入素材文件　　　　　　　　图 7-21　新建【图层 1】

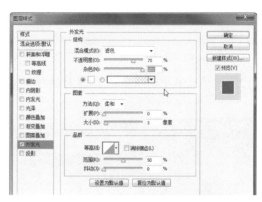

图 7-22　输入文字　　　　　　　图 7-23　【图层样式】对话框

（7）单击【确定】按钮，图层样式设置完成，如图 7-24 所示。

（8）打开【图层】面板，选中文本图层，重新命名为【一个庄园的诞生】，将其拖动到底部的【创建新图层】按钮上，复制文本图层，如图 7-25 所示。

图 7-24　图层样式效果　　　　　　　图 7-25　复制图层

（9）双击复制的图层，打开【图层样式】对话框，单击勾选【渐变叠加】选项，单击渐变按钮，弹出【渐变编辑器】对话框，设置渐变颜色，如图 7-26 所示。

（10）单击【确定】按钮，渐变颜色设置完成，如图 7-27 所示。

图 7-26　置入图像　　　　　　　　　　　图 7-27　设置渐变颜色

（11）单击【确定】按钮，渐变颜色设置完成后的效果如图 7-28 所示。

（12）选择菜单中的【窗口】|【时间轴】命令，打开【时间轴】面板，如图 7-29 所示。

图 7-28　渐变颜色设置效果　　　　　　　　图 7-29　【时间轴】面板

（13）单击【创建帧动画】按钮，单击底部的【复制所选帧】按钮，复制帧，如图 7-30 所示。

（14）单击选中第 1 帧，显示背景图层和第一个文本层，如图 7-31 所示。

图 7-30　复制帧　　　　　　　　　　　　图 7-31　设置图层显示

（15）单击选中第 2 帧，显示 banner2 和复制的文字图层，如图 7-32 所示。

（16）单击选中第 1 帧，单击底部的【过渡动画帧】按钮，弹出【过渡】对话框，设置其参数，如图 7-33 所示。

图 7-32 显示 banner2 和复制的文字图层

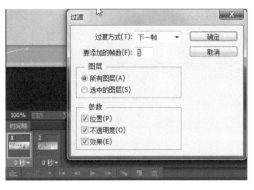

图 7-33 【过渡】对话框

（17）单击【确定】按钮，过渡帧效果添加完成，如图 7-34 所示。

（18）选择所有的帧并右击鼠标，在弹出的列表中选择【5.0】，设置帧延迟时间，如图 7-35 所示。

图 7-34 过渡帧效果

图 7-35 设置帧延迟时间

（19）选择菜单中的【文件】|【存储为 Web 所用格式】选项，弹出【存储为 Web 所用格式】对话框，将【预设】设置为 gif，如图 7-36 所示。

（20）单击【存储】按钮，弹出【将优化结果存储为】对话框，将【文件名】命令为 "banner.gif"，如图 7-37 所示。

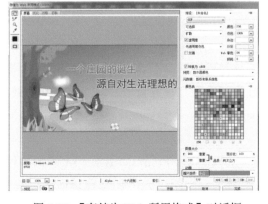

图 7-36 【存储为 Web 所用格式】对话框

图 7-37 【将优化结果存储为】对话框

# 第8章

# Flash CC 绘图基础

Flash CC 能够制作出非常优秀的矢量动画,是一款功能丰富的动画制作软件。熟练掌握绘图工具的使用是 Flash 学习的关键。在学习和使用过程中,应当清楚各种工具的用途,灵活运用这些工具,这样才能绘制出栩栩如生的矢量图,为后面的动画制作做好准备工作。

学习目标

- ☐ Flash CC 简介

- ☐ Flash CC 的工作界面

- ☐ 绘制图形工具

- ☐ 选择对象工具

- ☐ 编辑图形工具

- ☐ 文本工具的基本使用

## 8.1 Flash CC 简介

Adobe Flash CC 是 Adobe 推出的知名动画制作软件的最新版本,使用它可以创建各种逼真的动画和绚丽的多媒体效果,而这些动画和多媒体能在台式计算机、平板电脑、智能手机和电视等多种设备中呈现一致效果。

前几年,因为网络的带宽问题导致信息的传输速率非常缓慢,要制作具有动画效果的网页几乎是不可能的,因此网页一直都是静态的,缺乏变化。随着带宽的增加和 Java 语言的流行,网页中开始出现了水面倒影、飘雪、彩虹字和滚动字幕等特效。现在进入某个网页时,会发现其动画效果不再是单纯的反复运动,而是可以在画面里进行菜单选择以及播放声音文件等操作,究其原因,Flash 功不可没。

为了获得交互功能,网页设计者开始在网页中加入 JavaScript、VBScript 等脚本程序以及 Java 小程序来接收用户的信息并给出具体响应。例如,当鼠标指针指向某一位置时,网页中将给出友好的动画文本提示。但是要制作这样的网页,必须掌握 Java、JavaScript

等编程语言，这又使得许多网页动画设计者望而却步。而且，即使能够熟练使用这些语言，为了获得类似的效果，也需要耗费大量的时间和精力，这使复杂网页的制作周期变长了。而 Flash 的出现，则大大减轻了网页设计者的工作强度，使网页的制作变得轻松、简单。

现在当你随意打开一个网页时，都会发现 Flash 动画已经无处不在，从 Logo 到广告短片，甚至于整个网站的制作，几乎都可以看到 Flash 的身影。可以说 Flash 正在以其强大的魅力，影响着人们对于网络的认识。

目前，Flash 格式已经作为开放标准被公布，并获得了第三方软件的支持，将有更多的浏览器支持 Flash 动画，而 Flash 动画也必将获得更加广泛的应用。

Adobe 公司已经把 Flash 与其他新品紧密地联系到一起。Flash 播放器已被植入到各种主流网页浏览器中，其功能可以使创建的网页适应各种网页浏览器。事实证明，目前还没有哪个网页制作软件像 Flash 一样，能够既简便又出色地创作出一个高效、全屏并具有交互式动画效果的网页。Flash 的用户界面已经被重新设计，它使专业图像设计师和网页设计师在使用时感到更加舒适。

## 8.2 Flash CC 的工作界面

Adobe Flash Professional CC 软件内含有强大的工具集，具有排版精确、版面逼真和动画编辑功能丰富等优点，能清晰地传达创作构思。Flash CC 的工作界面由菜单栏、工具箱、时间轴、舞台和属性面板等组成，如图 8-1 所示。

菜单栏

工具箱

舞台

属性面板

颜色面板

图 8-1　Flash CC 的工作界面

### 8.2.1　菜单栏

菜单栏是最常见的界面要素，包括【文件】、【编辑】、【视图】、【插入】、【修改】、【文本】、【命令】、【控制】、【调试】、【窗口】和【帮助】菜单，如图 8-2 所示。根据不同的功能类型，可以快速地找到所要使用的各项功能选项。

图 8-2　菜单栏

【文件】：用于文件操作，如创建、打开和保存文件等。

【编辑】：用于动画内容的编辑操作，如复制、剪切和粘贴等。

【视图】：用于对开发环境进行外观和版式设置，包括放大、缩小、显示网格及辅助线等。

【插入】：用于插入性质的操作，如新建元件、插入场景和图层等。

【修改】：用于修改动画中的对象、场景甚至动画本身的特性，主要用于修改动画中各种对象的属性，如帧、图层、场景以及动画本身等。

【文本】：用于设置文本属性。

【命令】：用于管理命令。

【控制】：用于播放、控制和测试动画。

【调试】：用于调试动画。

【窗口】：用于打开、关闭、组织和切换各种窗口面板。

【帮助】：用于快速获得帮助信息。

### 8.2.2　舞台

舞台是放置动画内容的区域。设计师可以在整个场景中绘制或编辑图形，但是最终动画仅

显示场景白色区域中的内容，这个区域就是舞台。舞台之外的灰色称为工作区，在播放动画时不显示此区域，如图 8-3 所示。

舞台中可以放置的内容包括矢量插图、文本框、按钮和导入的位图图形或视频剪辑等。工作时，可以根据需要改变舞台的属性和形式。

### 8.2.3　工具箱

工具箱中包含一套完整的绘图工具，位于工作界面的左侧，如图 8-4 所示。如果想将工具箱变成浮动工具箱，可以拖动工具箱最上方的位

图 8-3　舞台

置，这时屏幕上会出现一个工具箱的虚框，释放鼠标即可将工具箱变成浮动工具箱。

【选择工具】：用于选定对象、拖动对象等操作。

【部分选取工具】：可以选取对象的部分区域。

【任意变形工具】：对选取的对象进行变形。

【套索工具】：选择一个不规则的图形区域，还可以处理位图图形。

【钢笔工具】：可以使用此工具绘制曲线。

【文本工具】：在舞台上添加文本和编辑现有的文本。

【线条工具】：使用此工具可以绘制各种形式的线条。

【矩形工具】：用于绘制矩形，也可以绘制正方形。

【铅笔工具】：用于绘制折线、直线等。

【刷子工具】：用于绘制填充图形。

【墨水瓶工具】：用于编辑线条的属性。

【颜料桶工具】：用于编辑填充区域的颜色。

【滴管工具】：用于将图形的填充颜色或线条属性复制到别的图形线条 图 8-4 工具箱
上，还可以采集位图作为填充内容。

【橡皮擦工具】：用于擦除舞台上的内容。

【手形工具】：当舞台上的内容较多时，可以用该工具平移舞台以及各个部分的内容。

【缩放工具】：用于缩放舞台中的图形。

【笔触颜色工具】：用于设置线条的颜色。

【填充颜色工具】：用于设置图形的填充区域。

## 8.2.4 时间轴

【时间轴】面板是 Flash 界面中的一个重要的部分，用于组织和控制文档内容在一定时间内播放的图层数和帧数，如图 8-5 所示。

图 8-5 【时间轴】面板

在【时间轴】面板中，其左侧的几个按钮用于调整图层的状态和创建图层。在帧区域中，其顶部的标题指明了帧编号，动画播放头指明了舞台中当前显示的帧。

时间轴状态显示在【时间轴】面板的底部，它包括若干用于改变帧显示的按钮，指明当前帧的编号、帧频和到当前帧为止的时间（单位：秒）。

## 8.2.5　属性面板

在默认情况下，属性面板处于展开状态。在 Flash CC 中，属性面板、滤镜板和参数面板被整合到了一个面板中。

【属性】面板的内容取决于当前选定的内容，可以显示当前文档、文本、元件、形状、位图、视频、帧或工具的信息和设置。如当选择工具箱中的【文本工具】时，在【属性】面板中将显示有关文本的一些属性设置，如图 8-6 所示。

图 8-6　【属性】面板

## 8.3　绘制图形工具

Flash CC 的绘图工具都集中在舞台左侧的工具箱中，在工具按钮上单击鼠标左键可以选择相应的工具。工具箱中的工具可以绘制、涂色、选择和修改图形，还可以更改舞台的视图。

### 8.3.1　线条工具

【线条工具】 是 Flash CC 中的基本工具。使用【线条工具】可以绘制不同颜色、宽度和形状的线条。

选择工具箱中的【线条工具】时，可激活此工具，如图 8-7 所示。在【属性】面板中可设置直线的属性，如图 8-8 所示。

图 8-7 选择【线条工具】          图 8-8 【线条工具】的【属性】面板

使用【线条工具】的具体操作步骤如下，所涉及的文件如表 8-1 所示。

表 8-1

| 原始文件 | 原始文件 /CH08/ 线条 .jpg |
|---|---|
| 最终文件 | 最终文件 /CH08/ 线条 .jpg |

（1）新建文档，导入素材文件"原始文件 /CH08/ 线条 .jpg"，选择工具箱中的【线条工具】，如图 8-9 所示。

（2）在舞台中按住鼠标左键绘制直线，如图 8-10 所示。

图 8-9 选择【线条工具】          图 8-10 绘制直线

（3）在【线条工具】的【属性】面板中设置笔触颜色为 #CC0000，笔触大小为 10，单击【样式】下拉按钮，在弹出的列表中选择【点刻线】选项，如图 8-11 所示。

（4）样式设置完成后的效果如图 8-12 所示。

图 8-11 设置【属性】面板          图 8-12 样式设置效果

## 8.3.2 椭圆工具与矩形工具

【椭圆工具】可用来绘制椭圆和正圆，不仅可以任意选择轮廓线的颜色、线宽和线型，还可以任意选择圆的填充色。此时的边界线只能使用单色，而填充区域则可以使用单色或渐变色。

当选择工具箱中的【椭圆工具】时，Flash 的【属性】面板中将出现与【椭圆工具】有关的属性，如图 8-13 所示。

【矩形工具】用于创建各种比例的矩形，也可以绘制正方形，其操作步骤和【椭圆工具】相似。所不同的是，在矩形面板中可以设置矩形的边角半径，如图 8-14 所示。

图 8-13　设置【属性】面板

图 8-14　设置样式

使用【矩形工具】和【椭圆工具】的具体操作步骤如下，所涉及的文件如表 8-2 所示。

表 8-2

| 原始文件 | 原始文件 /CH08/ 椭圆矩形 .jpg |
| --- | --- |
| 最终文件 | 最终文件 /CH08/ 椭圆矩形 .jpg |

（1）新建文档，导入素材文件"原始文件 /CH08/ 椭圆矩形 .jpg"，选择工具箱中的【矩形工具】，如图 8-15 所示。

（2）在【属性】面板中可以设置矩形属性选项，如图 8-16 所示。

图 8-15　导入图像

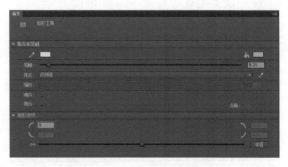

图 8-16　设置矩形属性选项

（3）按住鼠标左键在舞台中绘制矩形，如图 8-17 所示。

（4）选中工具中的【椭圆工具】，在【属性】面板中可以设置椭圆属性选项，在舞台中绘制椭圆，如图 8-18 所示。

图 8-17　绘制矩形

图 8-18　绘制椭圆

### 8.3.3　多角星形工具

【多角星形工具】的用法与【矩形工具】基本一样，所不同的是，在【属性】面板中多了一个【选项】按钮，如图 8-19 所示。

单击【属性】面板中的【选项】按钮，弹出【工具设置】对话框，如图 8-20 所示。在对话框中可以自定义多边形的各种属性。

图 8-19　【多角星形】工具的【属性】面板

图 8-20　【工具设置】对话框

在【工具设置】对话框中主要有以下参数设置。

- 【样式】：在下拉列表中可以选择多边形和星形。
- 【边数】：设置多边形的边数，其选取范围为 3 ～ 32。
- 【星形顶点大小】：输入 0 ～ 1 之间的数字以指定星形顶点的深度。此数字越接近 0，创建的顶点就越深。

下面讲述利用【多角星形工具】绘制多角星形的方法，具体操作步骤如下，所涉及的文件如表 8-3 所示。

表 8-3

| 原始文件 | 原始文件 /CH08/ 多角星形工具 .jpg |
|---|---|
| 最终文件 | 最终文件 /CH08/ 多角星形工具 .jpg |

（1）新建文档，导入素材文件"原始文件 /CH08/ 多角星形工具 .jpg"，选择工具箱中的【多角星形工具】，如图 8-21 所示。

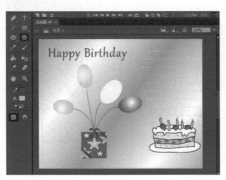

图 8-21　选择【多角星形】工具

（2）在【属性】面板中单击【选项】按钮，弹出【工具设置】对话框，在该对话框中【样式】选择【星形】，如图 8-22 所示。

（3）在舞台中按住鼠标左键拖动可绘制星形，如图 8-23 所示。

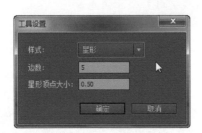

图 8-22　【工具设置】对话框

图 8-23　绘制星星

### 8.3.4　铅笔工具

使用【铅笔工具】可以绘制任意形状的线条。选择工具箱中的【铅笔工具】会出现【铅笔模式】附属工具选项，有 3 种模式可供选择，如图 8-24 所示。通过它可以修改所绘笔触的模式。

● 【伸直】：此模式下，线条会被转换成接近形状的直线，绘制的图形趋向平直、规整。

● 【平滑】：适用于绘制平滑图形，在绘制过程中会自动将所绘图形的棱角去掉，转换成接近形状的平滑曲线，使绘制的图形趋于平滑、流畅。

● 【墨水】：可随意地绘制各类线条，这种模式不对笔触进行任何修改。

图 8-24　【铅笔工具】

使用【铅笔工具】绘制图形的具体操作步骤如下，所涉及的文件如表 8-4 所示。

表 8-4

| 原始文件 | 原始文件 /CH08/ 铅笔工具 .jpg |
|---|---|
| 最终文件 | 最终文件 /CH08/ 铅笔工具 .jpg |

（1）新建文档，导入素材文件"最终文件 /CH08/ 铅笔工具 .jpg"，选择工具箱中的【铅笔工具】，在【属性】面板中设置笔触的颜色、样式和大小，如图 8-25 所示。

（2）按住鼠标左键在舞台中绘制形状，如图 8-26 所示。

图 8-25　设置【铅笔】属性　　　　　　　　图 8-26　绘制形状

## 8.3.5　刷子工具

使用工具箱中的【刷子工具】 ✏ 可以随意地画出色块，在其选项中可以设置刷子的大小和样式，如图 8-27 所示。单击【选项】区中的 ⊘ 按钮，在弹出的菜单中有 5 种填充模式，如图 8-28 所示。

图 8-27　【刷子】大小　　　　　　　　图 8-28　填充模式

- 标准绘画：使用工具箱中的【刷子工具】，设置填充颜色，将光标移动到舞台上，在舞台中按住鼠标左键在舞台上进行拖动。

- 颜料填充：它只影响填色的内容，不会遮住线条。

- 后面绘画：在图形上画，它只会改变图形后面的图像，不会影响前面的图像。

● 颜料选择：使用【选择工具】选择图形的一部分区域，再使用【刷子工具】绘制。

● 内部绘画：在绘画时，画笔的起始点必须是在轮廓线以内，而且画布的范围也只作用在轮廓线以内。

使用【刷子工具】的具体操作步骤如下，所涉及的文件如表 8-5 所示。

表 8-5

| 原始文件 | 原始文件 /CH08/ 刷子工具 .jpg |
|---|---|
| 最终文件 | 最终文件 /CH08/ 刷子工具 .jpg |

（1）新建文档，导入素材文件"原始文件 /CH08/ 刷子工具 .jpg"，选择工具箱中的【画笔工具】，设置填充颜色为 #FF0000，如图 8-29 所示。

（2）将鼠标指针移到舞台中，按住鼠标左键即可绘制，如图 8-30 所示。

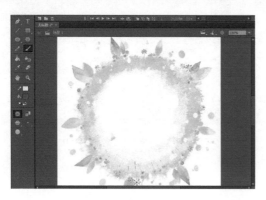
图 8-29 导入素材文件

图 8-30 绘制色块

### 8.3.6 钢笔工具

【钢笔工具】用于绘制路径，可以创建直线或曲线段，然后调整直线段的角度和长度以及曲线段的斜率。

选择工具箱中【钢笔工具】，在舞台上单击确定一个锚记点，继续单击添加相连的线段。在直线路径上或曲线路径结合处的锚记点被称为转角点，以小方形显示，如图 8-31 所示。

图 8-31 钢笔工具

## 8.4 选择对象工具

可以通过在舞台中移动选择对象工具来拖动对象，或者剪切后粘贴它们并按方向键对其进行移动，或使用属性面板为它们指定确切的位置。

### 8.4.1 选择工具

【选择工具】用于选择或移动直线、图形、元件等一个或多个对象，也可以拖动一些未选定的直线、图形、端点或曲线来改变直线或图形的形状。

点击【选择工具】会出现 3 个附属工具选项，如图 8-32 所示。

- 【贴紧至对象】：选择此选项，绘图、移动、旋转以及调整的对象将自动对齐。

- 【平滑】：对直线和开头进行平滑处理。

- 【伸直】：对直线和开头进行平直处理。

图 8-32　附属工具

选择工具箱中的【选择工具】，直接单击相应的对象即可选择该对象，如图 8-33 所示。

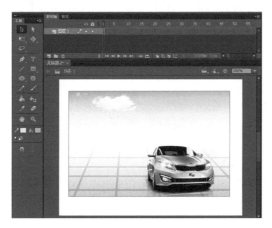

图 8-33　选择图像

## 8.4.2　部分选取工具

【部分选取工具】可以选取并移动对象，除此之外，它还可以对图形进行变形等处理。当某一对象被【部分选取工具】选中后，它的图像轮廓线上将出现很多控制点，如图 8-34 所示。

选择其中一个控制点，此时光标右下角会出现一个空白的正方形，拖动该点，轮廓会随之改变，如图 8-35 所示。

图 8-34　选中对象

图 8-35　改变轮廓

## 8.5　编辑图形工具

添色工具主要包括【颜料桶工具】、【墨水瓶工具】、【滴管工具】，本节就来讲述它们的使用方法。

### 8.5.1　颜料桶工具

【颜料桶工具】可以为封闭区域填充颜色，也可以更改已涂色区域的颜色，还可以填充未完全封闭的区域。

选择工具箱中的【颜料桶工具】后，在工具箱的下部会出现【空隙大小】附属工具选项，如图 8-36 所示。

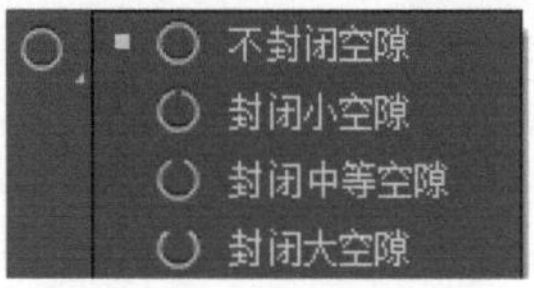

图 8-36　附属工具

- 【不封闭空隙】：不允许有空隙，只限于封闭区域。

- 【封闭小空隙】：如果所填充区域不是完全封闭的，但是空隙很小，则 Flash 会近似地将其判断为完全封闭而进行填充。

- 【封闭中等空隙】：如果所填充区域不是完全封闭的，但是空隙大小中等，则 Flash 会近似地将其判断为完全封闭而进行填充。

- 【封闭大空隙】：如果所填充区域不是完全封闭的，而且空隙尺寸比较大，则 Flash 会近似地将其判断为完全封闭而进行填充。

使用【颜料桶工具】的具体操作步骤如下，所涉及的文件如表 8-6 所示。

表 8-6

| 原始文件 | 原始文件 /CH08/ 颜料桶工具 .jpg |
|---|---|
| 最终文件 | 最终文件 /CH08/ 颜料桶工具 .jpg |

（1）打开素材文件"原始文件 /CH08/ 颜料桶工具 .jpg"，选择工具箱中的【颜料桶工具】，设置填充颜色为绿色。在附属工具选项中选择需要的空隙模式，如图 8-37 所示。

（2）将鼠标指针移到舞台中，将发现它变成了一个颜料桶，在填充区域内部单击填充颜色，或者在轮廓内单击填充，如图 8-38 所示。

图 8-37　打开素材文件

图 8-38　填充轮廓

## 8.5.2 墨水瓶工具

使用【墨水瓶工具】的具体操作步骤如下，所涉及的文件如表 8-7 所示。

表 8-7

| 原始文件 | 原始文件 /CH08/ 墨水瓶工具 .jpg |
|---|---|
| 最终文件 | 最终文件 /CH08/ 墨水瓶工具 .jpg |

（1）新建文档，导入素材文件"原始文件 /CH08/ 墨水瓶工具 .jpg"，如图 8-39 所示。

（2）按 Ctrl+B 组合键将图像打散，如图 8-40 所示。

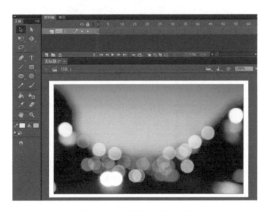

图 8-39　导入素材文件　　　　　　　　　　图 8-40　打散图像

（3）选择工具箱中的【墨水瓶工具】，在【属性】面板中设置【笔触颜色】为 #E092B8，【笔触】为 6，【样式】为【锯齿线】，如图 8-41 所示。

（4）单击形状的填充区域，填充的轮廓如图 8-42 所示。

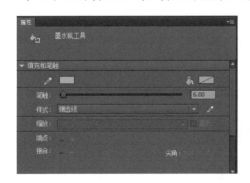

图 8-41　设置属性　　　　　　　　　　图 8-42　填充轮廓

## 8.5.3 滴管工具

选择工具箱中的【滴管工具】后，光标就会变成滴管状，表明此时已经激活了【滴管工具】，可以拾取某种颜色了。拾取颜色后，将光标移动到目标对象上，再单击左键，采集的颜色就被填充到目标区域了。

使用【滴管工具】的具体操作步骤如下，所涉及的文件如表 8-8 所示。

表 8-8

| 原始文件 | 原始文件 /CH08/ 滴管工具 .jpg |
| --- | --- |
| 最终文件 | 最终文件 /CH08/ 滴管工具 .jpg |

（1）新建文档，导入素材文件"原始文件 /CH08/ 滴管工具 .jpg"，如图 8-43 所示。

（2）按 Ctrl+B 组合键将图像打散，选择工具箱中的【滴管工具】，如图 8-44 所示。

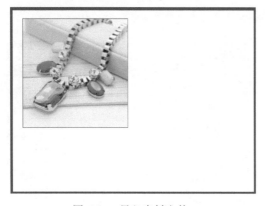

图 8-43　导入素材文件　　　　　　　　　　　图 8-44　打散图像

（3）将【滴管工具】放置在要复制其属性的填充上，这时在【滴管工具】的旁边出现了一个刷子图标，单击鼠标则将形状信息采样到填充工具中，如图 8-45 所示。

（4）选择工具箱中的【椭圆工具】，在【属性】面板中设置【笔触颜色】为 #999900,【笔触】为 10,【样式】为【斑马线】，在舞台中绘制一个圆，该圆将具有【滴管工具】所提取的填充属性，如图 8-46 所示。

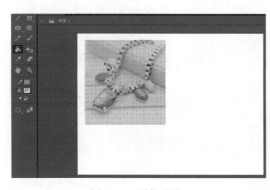

图 8-45　采集填充　　　　　　　　　　　图 8-46　使用滴管填充圆

## 8.6　创建文字

Flash 提供了多种文本功能和选项。可以创建 3 种类型的文本，分别为静态文本、动态文本和输入文本，如图 8-47 所示。

（1）新建空白文档，选择工具箱中的【文本工具】，在【属性】面板中设置字体颜色和字体大小，如图 8-48 所示。

（2）在舞台中单击输入文字"文本工具"，如图 8-49 所示。

图 8-47 文本类型

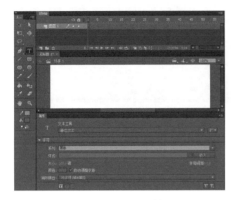

图 8-48 设置属性

图 8-49 输入文字

## 8.7 实战——制作立体投影文字

本章主要讲述了 Flash CC 入门的基础知识，下面讲述立体投影文字的制作方法，如图 8-50 所示。

图 8-50 立体投影文字效果

制作立体投影文字的具体操作步骤如下，所涉及的文件如表 8-9 所示。

表 8-9

| | |
|---|---|
| 原始文件 | 原始文件 /CH08/ 立体投影 .jpg |
| 最终文件 | 最终文件 /CH08/ 立体投影 .psd |

（1）新建文档，导入素材文件"原始文件 /CH08/ 立体投影 .jpg"，如图 8-51 所示。

（2）单击【新建图层】按钮，在【图层 1】的上面新建【图层 2】。选择工具箱中的【文本工具】，如图 8-52 所示。

（3）在图像上输入文字"爱情"，在【属性】面板中设置字体类型、字体颜色和字体大小，如

图 8-53 所示。

图 8-51　导入素材文件

图 8-52　新建图层

（4）在【属性】面板中单击【滤镜】选项底部的【添加滤镜】按钮，在弹出的列表中选择【投影】选项，如图 8-54 所示。

图 8-53　输入文字

图 8-54　选择【投影】选项

（5）选择以后即可设置投影效果，如图 8-55 所示。

（6）打开【属性】面板，将【模糊】设置为 15 像素，【距离】设置为 10 像素，【颜色】设置为白色，如图 8-56 所示。保存文档，按 Ctrl+Enter 组合键测试影片，效果如图 8-50 所示。

图 8-55　设置投影效果

图 8-56　设置【属性】面板

第9章

# 使用元件与库管理动画素材

元件在 Flash 影片中是一种比较特殊的对象，它在 Flash 中只需创建一次，然后可以在整部电影中反复使用而不会显著增加文件的大小。使用元件可以使编辑动画变得更简单，使创建交互动画变得更加容易。将元件从库中取出并拖放到舞台上，就生成了该元件的一个实例。真正在舞台上表演的是它的实例，而元件本身仍在库中。

学习目标

- 元件和实例的概念
- 创建元件
- 编辑元件
- 创建与编辑实例
- 创建和管理库
- 使用公共库

## 9.1 元件和实例的概念

元件是使用绘图工具创建的可使用图形。当在舞台或另一个元件中放置一个元件时，实际上是创建了这个元件的一个实例。一个影片只存储一个实例，可大大减少影片文件所占的存储空间。

在影片中使用元件是采用了一种资源共享的方式。在编辑影片的过程中，可以将需要多次使用的元素制成元件，需要时直接从【库】面板中调用即可。

元件是指可以重复使用的图形、按钮或动画。因为对元件的编辑和修改可以直接应用于动画中所有应用该元件的实例，所以对于一个具有大量重复元素的动画来说，只要对元件做了修改，系统就将自动地更新所有使用该元件的实例。元件的类型分为 3 种，分别为图形元件、按钮元件和影片剪辑元件。

- 图形元件：主要用于定义静态的对象，包括静态图形元件与动态图形元件两种。静态图形元件中一般只包含一个对象，在播放影片的过程中静态图形元件始终是静态的。动态图形元件中可以包含多个对象或一个对象的各种效果，在播放影片的过程中，动态图形元件可以是静态的，也可以是动态的。

- 按钮元件：是与鼠标事件相对应的对象，为创建响应鼠标事件的交互式按钮。鼠标事件包括鼠标触及与单击两种。将绘制的图形转换为按钮元件，在播放影片时，如果鼠标靠近图形，光标就会变成小手状态，为按钮元件添加脚本语言，即可实现对影片的控制。

- 影片剪辑元件：可以创建可重复使用的动画片段。影片剪辑元件可作为小型动画，存在自己的时间轴，可独立于主时间轴播放。影片剪辑元件可以包含按钮、图形及其他影片剪辑实例。

## 9.2　创建元件

下面讲述创建元件的具体操作步骤。

（1）新建文档，选择菜单中的【插入】|【新建元件】命令，如图 9-1 所示。

（2）弹出【创建新元件】对话框，单击【类型】选项，在弹出的列表中选择【影片剪辑】选项，如图 9-2 所示。

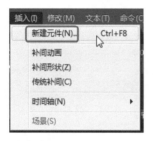

图 9-1　选择【新建元件】命令

图 9-2　【创建新元件】对话框

（3）单击【确定】按钮，进入影片剪辑编辑界面，如图 9-3 所示。

（4）选择工具箱中的【椭圆工具】，在舞台中绘制影片剪辑元件，如图 9-4 所示。

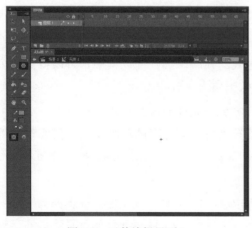

图 9-3　元件编辑界面

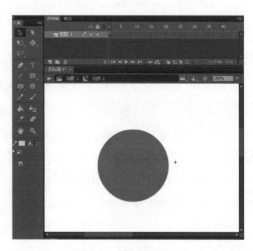

图 9-4　绘制元件

# 9.3　编辑元件

编辑元件必须在元件模式下进行，此时，工作区的其他元素变暗，不能进行编辑。元件编辑完成后，Flash 会更新影片中这个元件的所有实例。

## 9.3.1　复制元件

复制元件的具体操作步骤如下。

（1）在【库】面板选中要复制的元件。

（2）右键单击在弹出的菜单中选择【直接复制】命令，如图 9-5 所示。

（3）打开【直接复制元件】对话框，如图 9-6 所示。

图 9-5　选择【直接复制】命令　　　　图 9-6　【直接复制元件】对话框

（4）在对话框中，修改元件的名称和类型。

（5）修改完毕以后，单击【确定】按钮，复制元件完成。

## 9.3.2　编辑元件

编辑元件的方法有以下几种。

- 打开【库】面板，右键单击要进行编辑的元件，在弹出的菜单中选择【编辑】命令，如图 9-7 所示。

- 双击要进行编辑的元件，也可以对元件进行编辑。

- 选中要进行编辑的元件，单击【库】面板顶部的 ▼≡ 按钮，在弹出的菜单中选择【编辑】命令，如图 9-8 所示。

- 选中要进行编辑的元件，单击【库】面板底部的 ⬤ 按钮，打开【元件属性】对话框，如图 9-9 所示。单击确定按钮，Flash 自动切换到元件编辑模式。

图 9-7　选择【编辑】命令

図 9-8　选择【编辑】命令　　　　　　　図 9-9　【元件属性】对话框

## 9.4　创建与编辑实例

实例是元件库中的元件在影片中的应用。

### 9.4.1　创建实例

元件创建完成以后，可以在影片中的任意地方使用该元件的实例。需要注意的是，影片剪辑实例的创建和包含动画的图形实例的创建是不同的。影片剪辑只需要一帧就可播放动画，但在编辑环境中不能演示动画的效果；而包含动画的图形实例，必须放置在与其元件同样长的帧中，才能显示完整的动画。

创建实例的具体操作步骤。

（1）在【时间轴】面板中，选中一个需要添加实例的图层。

（2）选择菜单中的【窗口】|【库】命令，打开【库】面板。

（3）选中【库】面板中要创建实例的元件，将其拖放至舞台中，即可创建实例，如图 9-10 所示。

図 9-10　创建实例

在未选取关键帧的条件下，实例将被添加到当前层的第 1 帧。要想看到影片剪辑中的动画和交互功能，可选择菜单中的【控制】|【测试影片】命令或者按 Ctrl+Enter 组合键。

出现在舞台上后，每个实例都有自身独立于元件的属性。这时可进行如下操作来改变实例的色彩、透明度和亮度，重新定义实例的类型，使用其他元件替换实例，设置图形实例动画的播放模式，在不影响元件的情况下对实例进行倾斜、旋转或缩放处理。

### 9.4.2　编辑实例

每个实例在创建时都拥有和其元件相同的属性，但如果在动画中全是一样的实例，则必然让人感觉呆板。为了让动画更加生动，动画制作者往往赋予每个实例不同的属性。这些属性可以 在【属性】面板中进行编辑。

#### 1.　改变实例类型

在 Flash 中，实例的类型是可以互相转换的。可通过改变实例的类型来重新定义它在动画中的行为。在【属性】面板中的实例行为下拉列表中提供了 3 种类型，分别是【影片剪辑】、【按钮】和【图形】，如图 9-11 所示。当改变了实例类型后，【属性】面板也将会进行相应的变化。

图 9-11　实例类型

下面分别介绍这 3 种类型及【属性】面板中相应的变化。

【影片剪辑】：在选择影片剪辑元件后，会出现文本框实例名称。在这里可为实例取一个名字，以便于在影片中控制它。

【按钮】：选择按钮后，在【交换】按钮的后面会出现一个下拉列表。

【图形】：选择图像后，在【交换】按钮旁会出现播放模式下拉列表。

#### 2.　改变颜色效果

单击实例【属性】面板中【色彩效果】栏的下拉按钮，在其列表框中共有以下 4 个选项。

- 亮度：用来调整图像的相对亮度和暗度。明亮值在 -100% ～ 100% 之间，100% 为白色，-100% 为黑色，默认值为 0。可以直接输入数字调节，也可以拖动滑杆来调节，如图 9-12 所示。将亮度调为 -30% 后的效果如图 9-13 所示。

- 色调：使用一种颜色对实例图像进行着色操作。可以在颜色窗口中选择一种颜色，或输入红、绿、蓝三原色，然后在▭后的文本框中输入色调的百分比，0 表示没有影响，100% 表示完全被选定的颜色覆盖，如图 9-14 所示。当色调被调为 52% 时原实例的显示效果如图 9-15 所示。

- Alpha：调整实例图像的透明程度。如果设置为 0，表示实例将完全不可见。如果设置为 100%，则表示完全可见，如图 9-16 所示。将该图透明度调为 70% 后效果如图 9-17 所示。

图 9-12　元件亮度调整

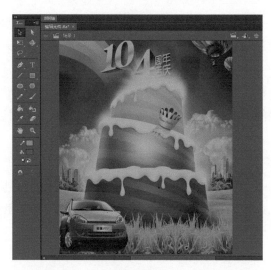

图 9-13　亮度调为原图 −30% 后的效果

图 9-14　元件色调的调整

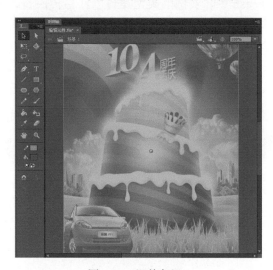

图 9-15　调整色调

图 9-16　元件透明度的调整

图 9-17　调整透明度

● 高级选项：选择后将弹出如图 9-18 所示的对话框，可单独调整实例元件的红、绿、蓝三原色和透明度。这在制作颜色变化非常精细的动画时最有用。每一项都通过左、右两个文本框调整，左侧的文本框用来输入减少相应颜色分量或透明度的比例，右侧的文本框通过具体数值来增加或减小相应颜色或透明度的值。

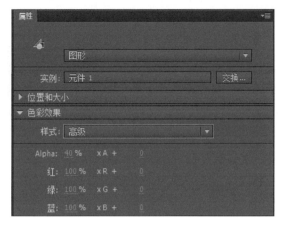

图 9-18　高级选项【属性】面板

## 9.5 创建和管理库

库用来存储可重复使用的对象，包括元件、位图、视频或声音等众多资源。当导入位图或声音时，这些文件会被自动存储到库里面。而元件则需要建立后才会存储在库中，每个 Flash 文档都拥有一个库。

### 9.5.1 创建项目

在【库】窗口的元素列表中，看见的文件类型包括图形、按钮、影片剪辑、媒体声音、视频、字体和位图。前面三种是在 Flash 中产生的元件，后面两种是导入素材后产生的。

以下任意一种操作都可用来创建库元件。

● 选择菜单中的【插入】|【新建元件】命令。

● 单击【库】面板中的按钮，在弹出的菜单中选择【新建元件】选项。

● 单击【库】面板下边的添加新元件按钮。

● 先在舞台上选中图像或动画，然后选择菜单中的【修改】|【转换为元件】选项。结果都会弹出【创建新元件】对话框，可从中选择元件的类型并为它命名，如图 9-19 所示。

另外，还可以通过选择【文件】|【导入】|【导

图 9-19　【创建新元件】对话框

入到库】命令，将外部的视频、位图、声音等素材导入到【库】面板中。

## 9.5.2　删除项目

在【库】面板中不需要使用的库项目，可以做删除操作。删除库项目的具体操作步骤如下。

（1）选择菜单中的【窗口】|【库】命令，打开【库】面板。

（2）选中不需要使用的项目，单击鼠标右键，在弹出的菜单中选择【删除】命令，即可将选中的项目删除，如图 9-20 所示。

图 9-20　删除项目

## 9.6　实战

本节将通过实例讲述元件具体的使用方法。

### 实战 1——制作按钮

利用元件制作按钮效果，如图 9-21 所示。具体操作步骤如下，所涉及的文件如表 9-1 所示。

图 9-21　制作按钮效果

表 9-1

| 原始文件 | 原始文件 /CH09 / 制作按钮 .jpg |
|---|---|
| 最终文件 | 最终文件 /CH09 / 制作按钮 .fla |

（1）启动 Flash CC，选择菜单中的【文件】|【新建】命令，弹出【新建】对话框，将【宽度】设置为 750 像素，【高度】设置为 466 像素，如图 9-22 所示。

（2）单击【确定】按钮，新建空白文档，如图 9-23 所示。

（3）选择菜单中的【文件】|【导入】|【导入到舞台】命令，弹出【导入】对话框，选择图像文件"制作按钮 .jpg"，如图 9-24 所示。

（4）单击【确定】按钮，导入素材文件，如图 9-25 所示。

图 9-22 【新建】对话框

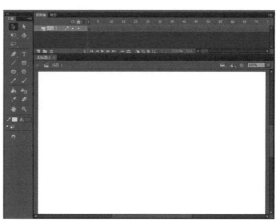

图 9-23 新建空白文档

图 9-24 【导入】对话框

图 9-25 导入素材文件

（5）选择菜单中的【插入】|【新建元件】命令，弹出【创建新元件】对话框，将【类型】设置为【按钮】，如图 9-26 所示。

（6）单击【确定】按钮，进入元件编辑中心，如图 9-27 所示。

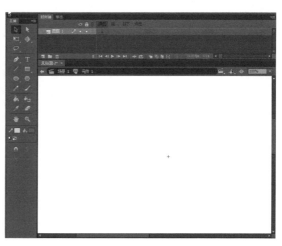

图 9-26 【创建新元件】对话框

图 9-27 元件编辑中心

（7）选择工具箱中的【矩形工具】，将填充颜色设置为 #FF9966，在【属性】面板中设置矩形选项，在舞台中绘制矩形，如图 9-28 所示。

（8）选择工具箱中的【文本工具】，在矩形上面输入文字"进入主页"，如图 9-29 所示。

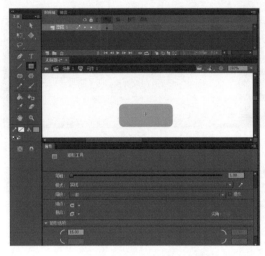

图 9-28　绘制矩形　　　　　　　　　　　　　　图 9-29　输入文字

（9）单击选中【指针经过】帧，按 F6 键插入关键帧，单击选中矩形，将填充颜色更改为 #FF3300，如图 9-30 所示。

（10）单击【场景 1】按钮，返回到主场景，将制作好的按钮元件拖放到舞台中，如图 9-31 所示。保存文档，按 Ctrl+Enter 组合键测试影片，效果如图 9-21 所示。

图 9-30　更改矩形颜色　　　　　　　　　　　　图 9-31　拖入元件

## 实战 2——利用元件制作动画

利用元件制作动画效果，如图 9-32 所示，具体操作步骤如下，所涉及的文件如表 9-2 所示。

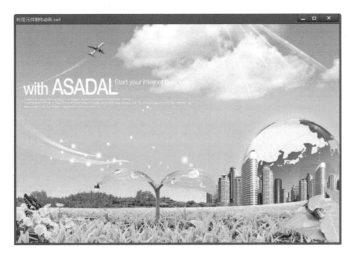

图 9-32　制作动画效果

**表 9-2**

| 原始文件 | 原始文件 /CH09 / 制作动画 .jpg |
|---|---|
| 最终文件 | 最终文件 /CH09 / 制作动画 . fla |

（1）启动 Flash CC，选择菜单中的【文件】|【新建】命令，弹出【新建】对话框，将【宽度】设置为 810 像素，【高度】设置为 533 像素，如图 9-33 所示。

（2）单击【确定】按钮，新建空白文档，如图 9-34 所示。

图 9-33　【新建】对话框　　　　　　　　　　图 9-34　新建空白文档

（3）选择菜单中的【文件】|【导入】|【导入到库】命令，弹出【导入到库】对话框，选择图像文件"制作动画 .jpg"，如图 9-35 所示。

（4）单击【确定】按钮，将文件导入到【库】面板中，如图 9-36 所示。

（5）选择菜单中的【插入】|【新建元件】命令，弹出【创建新元件】对话框，将【类型】设置为【影片剪辑】，如图 9-37 所示。

（6）单击【确定】按钮，进入元件编辑中心，将导入的图像文件拖到舞台中，如图 9-38 所示。

图 9-35　【导入到库】对话框

图 9-36　导入素材文件

图 9-37　【创建新元件】对话框

图 9-38　拖入图像

（7）选择导入的图像并按F8键，弹出【转换为元件】对话框，将【类型】设置为【图形】选项，如图 9-39 所示。

（8）单击【确定】按钮，将其转化为图形元件，在第 30 帧按F6键插入关键帧，如图 9-40 所示。

图 9-39　【转换为元件】对话框

图 9-40　插入关键帧

（9）选择第 1 帧，打开【属性】面板，【样式】选择【Alpha】，设置不透明度为 60%，如图 9-41 所示。

（10）选择第 1～30 帧之间的任意一帧右击鼠标，在弹出的列表中选择【创建传统补间动画】

选项，创建补间动画，效果如图 9-42 所示。

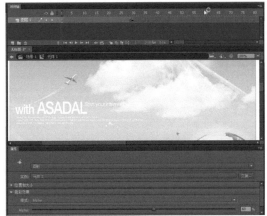

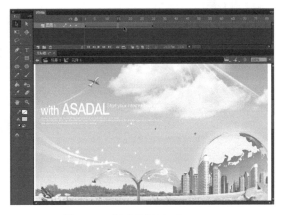

图 9-41  设置不透明度　　　　　　　　　　　图 9-42  创建补间动画

（11）选择第 80 帧并按 F5 键插入帧，如图 9-43 所示。

（12）单击【场景 1】按钮，返回到主场景，将制作好的影片剪辑元件拖放到舞台中，如图 9-44 所示。保存文档，按 Ctrl+Enter 组合键测试影片，效果如图 9-32 所示。

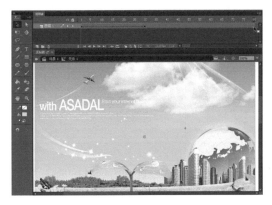

图 9-43  插入帧　　　　　　　　　　　图 9-44  拖入元件

# 第10章

# 创建基本 Flash 动画

Flash CC 是一款非常优秀的矢量动画制作软件，是当今功能最丰富的动画制作软件之一。在 Flash 中可以创建出丰富多彩的动画效果，对象能够在画面中运动、改变大小、旋转和改变颜色等。在一个完整的 Flash 动画中，往往会应用到多个图层，每个图层分别控制不同的动画效果，要创建效果较好的 Flash 动画，就需要创建多个图层，以便于在不同的图层中制作不同的动画片段，达到多个图层组合形成复杂动画的效果。

## 学习目标

- 创建逐帧动画
- 创建补间动画
- 遮罩动画的创建
- 运动引导层动画的创建

## 10.1 创建逐帧动画

逐帧动画是一种非常简单的动画方式，此时，不设置任何补间，可直接将连续的若干帧都设置为关键帧，然后在其中分别绘制内容，这样连续播放的时候就会产生动画效果了。下面将制作如图 10-1 所示的逐帧动画效果，具体操作步骤如下，所涉及的文件如表 10-1 所示。

图 10-1　制作逐帧动画效果

表 10-1

| 原始文件 | 原始文件 /CH10 / 逐帧动画 .jpg |
|---|---|
| 最终文件 | 最终文件 /CH10 / 逐帧动画 .fla |

（1）新建文档，选择菜单中的【文件】|【导入】|【导入到舞台】命令，导入素材文件"原始文件 /CH10/ 逐帧动画 .jpg"，如图 10-2 所示。

（2）单击【时间轴】面板底部的【新建图层】按钮，新建【图层 2】，如图 10-3 所示。

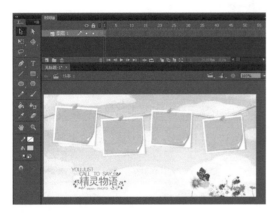

图 10-2　导入素材文件

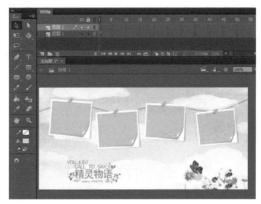

图 10-3　新建【图层 2】

（3）选择【图层 1】的第 30 帧并按 F6 键插入关键帧，选择工具箱中的【文本工具】，输入文字"大"，如图 10-4 所示。

（4）选择第 5 帧并按 F6 键插入关键帧，输入文字"美"，如图 10-5 所示。

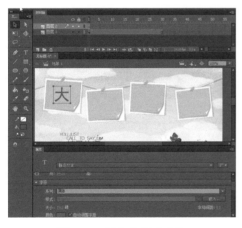

图 10-4　输入文字"大"

图 10-5　输入文字"美"

（5）选择第 10 帧并按 F6 键插入关键帧，输入文字"临"，如图 10-6 所示。

（6）选择第 15 帧并按 F6 键插入关键帧，输入文字"沂"，然后在第 30 帧按 F5 键插入帧，如图 10-7 所示。

图 10-6　输入文字"临"

图 10-7　插入帧

## 10.2　创建补间动画

补间动画所处理的必须是舞台上的组件实例，可以是多个图形组合、文字或导入的素材对象。利用这种动画，可以设置对象的大小、位置、旋转、颜色以及透明度等变化实现。

### 10.2.1　创建动画补间动画

下面利用动画补间创建如图 10-8 所示的对象淡出效果，具体操作步骤如下，所涉及的文件如表 10-2 所示。

图 10-8　制作动画补间效果

表 10-2

| 原始文件 | 原始文件 /CH10 / 动画补间 .jpg |
| --- | --- |
| 最终文件 | 最终文件 /CH10 / 动画补间 .fla |

（1）新建文档，选择菜单中的【文件】|【导入】|【导入到舞台】命令，导入素材文件"原始文件 /CH10/ 补间动画 .jpg"，如图 10-9 所示。

（2）选择导入的图像，按 F8 键，弹出【转换为元件】对话框，将【类型】设置为【图形】选项，如图 10-10 所示。

（3）单击【确定】按钮，将其转化为图形元件，在第40帧按F5键插入关键帧，如图10-11所示。

图10-9 导入素材文件

图10-10 【转换为元件】对话框

（4）单击选中第1帧，打开【属性】面板，将【样式】选择【Alpha】，设置其不透明度为10%，如图10-12所示。

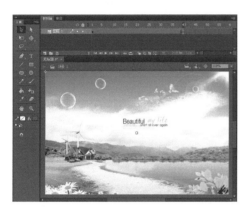

图10-11 插入帧

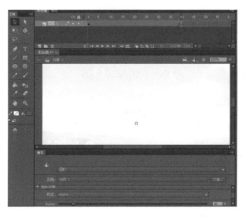

图10-12 设置不透明度

（5）选择工具箱中的【任意变形工具】，将图像缩小，如图10-13所示。

（6）单击选中第1～30帧之间的任意一帧，右击鼠标在弹出的列表中选择【创建传统补间】选项，如图10-14所示。

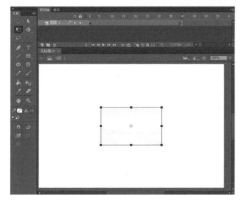

图10-13 缩小图像

图10-14 选择【创建传统补间】选项

（7）创建补间动画，如图 10-15 所示。保存文档，按 Ctrl+Enter 组合键测试动画，效果如图 10-8 所示。

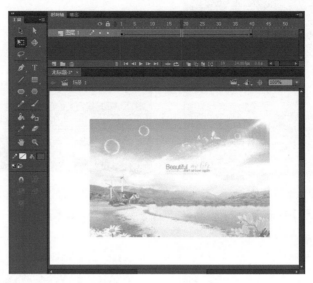

图 10-15 创建补间动画

## 10.2.2 创建形状补间动画

形状补间动画是对象从一个形状到另一个形状的渐变，只需要设置起始关键帧和结束关键帧的实体形状，中间的渐变过程由 Flash 自动完成。

下面将通过实例来讲述形状补间动画的制作方法，效果如图 10-16 所示，具体操作步骤如下，所涉及的文件如表 10-3 所示。

图 10-16 制作形状补间效果

表 10-3

| | |
|---|---|
| 原始文件 | 原始文件 /CH10 / 形状补间 .jpg |
| 最终文件 | 最终文件 /CH10 / 形状补间动画 .fla |

（1）新建文档，选择菜单中的【文件】|【导入】|【导入到舞台】命令，导入素材文件"原始文件 /CH10/ 形状补间 .jpg"，如图 10-17 所示。

（2）单击【时间轴】面板底部的【新建图层】按钮，新建【图层 2】，如图 10-18 所示。

图 10-17　导入素材文件　　　　　　　　　　图 10-18　新建【图层 2】

（3）选择工具箱中的【椭圆工具】，将填充颜色设置为 #F1747D，在舞台中绘制椭圆，如图 10-19 所示。

（4）重复步骤（3）绘制出另外 3 个椭圆，使其形成花朵形状，如图 10-20 所示。

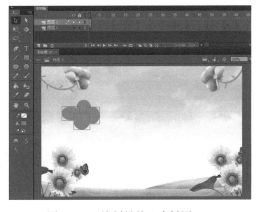

图 10-19　绘制椭圆　　　　　　　　　　　图 10-20　绘制另外 3 个椭圆

（5）单击选中绘制的 4 个椭圆，按住 Alt 键复制并移动出另外 3 个，如图 10-21 所示。

（6）单击选中【图层 2】的第 1 帧的所有椭圆，执行两次 Ctrl+B 组合键，分离图像，如图 10-22 所示。

（7）选中【图层 1】和【图层 2】的第 60 帧，按 F5 键插入帧，如图 10-23 所示。

（8）选中【图层 2】的第 30 帧，按 F6 键插入关键帧，删除所有形状，如图 10-24 所示。

（9）选择工具箱中的【文本工具】，在舞台中输入文字"梅花朵朵"，如图 10-25 所示。

（10）选中文字，执行两次 Ctrl+B 组合键，将文本分离，如图 10-26 所示。

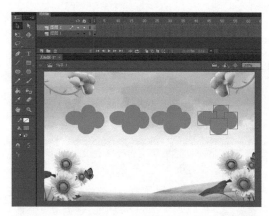
图 10-21　复制椭圆

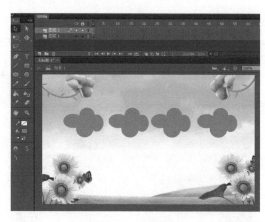
图 10-22　分离图像

图 10-23　分离形状

图 10-24　删除形状

图 10-25　输入文本

图 10-26　分离文本

（11）将光标放置在【图层 2】的第 1 ～ 30 帧之间的任意位置，单击鼠标右键，在弹出的菜单中选择【创建补间形状】选项，如图 10-27 所示。

（12）创建形状补间动画，如图10-28所示。

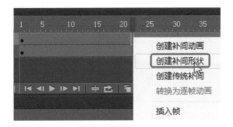 

图 10-27 选择【创建补间形状】选项　　　　图 10-28 创建形状补间动画

## 10.3 遮罩动画的创建

遮罩动画可通过遮罩层创建。遮罩层可以决定被遮罩层中对象的显示情况，从而制作出变幻莫测的动画。

### 10.3.1 创建遮罩层

遮罩动画也是 Flash 中常用的一种技巧。遮罩动画就好比在一个板上打了各种形状的孔，透过这些孔，可以看到下面的图层。遮罩项目可以是填充的形状、文字对象、图形元件的实例或影片剪辑。

在需要设置为遮罩层的图层上右击鼠标，在弹出的列表中选择【遮罩层】选项，即可设置遮罩动画，如图10-29所示。

图 10-29 选择【遮罩层】选项

## 10.3.2　遮罩文本应用实例

下面将通过实例来讲述遮罩文本的制作方法，效果如图 10-30 所示，具体操作步骤如下，所涉及的文件如表 10-4 所示。

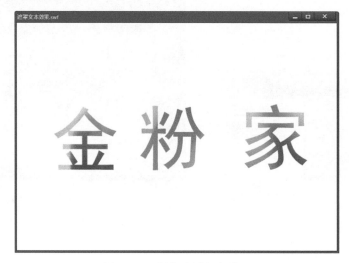

图 10-30　制作遮罩文本效果

表 **10-4**

| 原始文件 | 原始文件 /CH10 / 遮罩动画 .jpg |
| --- | --- |
| 最终文件 | 最终文件 /CH10 / 遮罩文本效果 .fla |

（1）新建文档，选择菜单中的【文件】|【导入】|【导入到舞台】命令，导入素材文件"原始文件 10/ 遮罩动画 .jpg"，如图 10-31 所示。

（2）单击【时间轴】面板底部的【新建图层】按钮，新建【图层 2】，如图 10-32 所示。

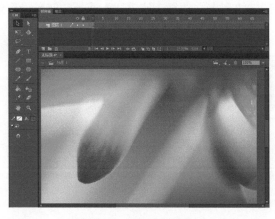

图 10-31　导入素材文件

图 10-32　新建图层 2

（3）选择工具箱中的文本工具，在舞台中输入文字"金粉家"，如图 10-33 所示。

（4）单击选中【图层 2】的第 1 帧，执行 Ctrl+B 组合键，分离图像，如图 10-34 所示。

图 10-33 输入文字

图 10-34 分离图像

（5）选择【图层 2】右击鼠标，在弹出的列表中选择【遮罩层】选项，创建遮罩文本，效果如图 10-35 所示。保存文档，按 Ctrl+Enter 组合键测试动画，效果如图 10-30 所示。

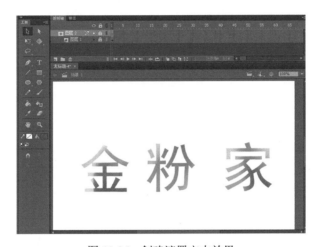

图 10-35 创建遮罩文本效果

## 10.4 运动引导层动画的创建

在引导层中，也可以制作各种图形和引入元件，但最终发布时引导层中的对象不会显示出来。

### 10.4.1 创建运动引导层

【运动引导层】以 按钮表示，可以绘制运动路径，从而将多个图层链接到同一个【运动引导层】中，使多个对象沿着同一路径运动。此时链接到【运动引导层】的多个图层就成为【被引导层】。【被引导层】位于【运动引导层】的下方。

选中要添加引导层的图层，单击鼠标右键，在弹出的菜单中选择【添加传统运动引导层】选项，创建运动引导层，如图 10-36 所示。

## 10.4.2　运动引导层动画应用实例

创建如图 10-37 所示的引导层动画效果的具体操作步骤如下，所涉及的文件如表 10-5 所示。

图 10-36　选择【添加传统运动引导层】选项　　　　图 10-37　制作引导层动画效果

表 **10-5**

| 原始文件 | 原始文件 /CH10/ 引导层动画 .jpg、xiaoyu.gif |
| --- | --- |
| 最终文件 | 最终文件 /CH10 / 引导层动画 .fla |

（1）启动 Flash CC，选择菜单中的【文件】|【导入】|【导入到舞台】命令，导入素材文件"原始文件 /CH10/ 引导层动画 .jpg"，如图 10-38 所示。

（2）单击【时间轴】面板中的【新建图层】按钮，新建【图层 2】，如图 10-39 所示。

图 10-38　导入素材文件　　　　　　　　图 10-39　新建【图层 2】

（3）选择菜单中的【文件】|【导入】|【导入到舞台】命令，弹出【导入】对话框，选择图像文件"xiaoyu.gif"，如图 10-40 所示。

（4）单击【确定】按钮，导入图像文件，如图 10-41 所示。

图 10-40 【导入】对话框

图 10-41 导入图像文件

（5）选择导入的图像并按 F8 键，弹出【转换为元件】对话框，将【类型】设置为【图形】选项，如图 10-42 所示。

（6）单击【确定】按钮，将其转化为元件，如图 10-43 所示。

图 10-42 【转换为元件】对话框

图 10-43 转化为元件

（7）单击选中【图层 2】，右击鼠标在弹出的列表中选择【添加运动引导层】选项，添加引导层，如图 10-44 所示。

（8）选择工具箱中的【铅笔工具】，在舞台中绘制引导线，如图 10-45 所示。

图 10-44 添加引导层

图 10-45 绘制引导线

（9）在【图层 1】和【引导层】的第 50 帧插入帧，在【图层 2】的第 50 帧插入关键帧，如图 10-46 所示。

（10）选中【图层 2】的第 1 帧，将图形元件拖放到起始点，如图 10-47 所示。

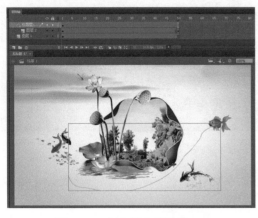

图 10-46　插入帧和关键帧　　　　　　　　　　图 10-47　拖动元件

（11）选中【图层 2】的第 50 帧，将图形元件拖放到终点，如图 10-48 所示。

（12）选中【图层 2】的第 1 ～ 50 帧之间的任意一帧，单击鼠标右键，在弹出的菜单中选择【创建补间动画】选项，创建补间动画，如图 10-49 所示。保存文档，按 Ctrl+Enter 组合键测试影片，效果如图 10-37 所示。

图 10-48　拖动元件　　　　　　　　　　图 10-49　创建补间动画

# 第11章

# 使用 Dreamweaver 轻松创建多彩的文本网页

本章主要介绍创建基本网页文档的方法，包括 Dreamweaver CC 的工作界面、创建站点和列表，并用实例进一步说明插入文本的具体方法，同时还会讲解为页面添加链接的方法，包括图片链接和热点链接，最后讲述创建基本文本网页的方法。

学习目标

▣ Dreamweaver CC 的工作界面

▣ 创建站点

▣ 使用列表

▣ 创建超级链接

▣ 创建基本文本网页

## 11.1 Dreamweaver CC 的工作界面

Dreamweaver CC 是集网页制作和网站管理于一身的"所见即所得"的网页编辑软件。它凭借强大的功能和友好的操作界面备受广大网页设计者的欢迎，如今也已经成为网页制作的首选软件之一。

Dreamweaver CC 的工作界面主要由菜单栏、文档窗口、属性面板和面板组等几部分组成，如图 11-1 所示。

### 11.1.1 菜单栏

◉ 菜单栏包括【文件】、【编辑】、【查看】、【插入】、【修改】、【格式】、【命令】、【站点】、【窗口】和【帮助】10 个菜单，如图 11-2 所示。

◉ 【文件】菜单：用来管理文件，包括创建和保存文件、导入与导出文件、浏览和打印文件等。

◉ 【编辑】菜单：用来编辑文件，包括撤消与恢复、复制与粘贴、查找与替换、参数设置和快捷键设置等。

- 【查看】菜单：用来查看对象，包括代码的查看、网格线与标尺的显示、面板的隐藏和工具栏的显示等。

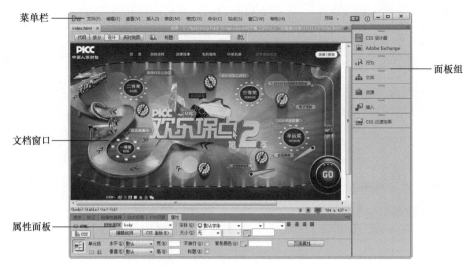

菜单栏　　文档窗口　　属性面板　　面板组

图 11-1　Dreamweaver CC 的工作界面

文件(F)　编辑(E)　查看(V)　插入(I)　修改(M)　格式(O)　命令(C)　站点(S)　窗口(W)　帮助(H)

图 11-2　菜单栏

- 【插入】菜单：用来插入网页元素，包括插入图像、多媒体、表格、布局对象、表单、电子邮件链接、日期和 HTML 等。

- 【修改】菜单：用来实现修改页面元素的功能，包括页面属性、CSS 样式、快速标签编辑器、链接、表格、框架、AP 元素与表格的转换、库和模板等。

- 【格式】菜单：用来对文本进行操作，包括字体、字形、字号、字体颜色、HTML/CSS 样式、段落格式化、扩展、缩进、列表、文本的对齐方式等。

- 【命令】菜单：收集了所有的附加命令项，包括应用记录、编辑命令清单、获得更多命令、扩展管理、清除 HTML/Word HTML、检查拼写和排序表格等。

- 【站点】菜单：用来创建与管理站点，包括新建站点、管理站点、上传与存回和查看链接等。

- 【窗口】菜单：用来打开与切换所有的面板和窗口，包括插入栏、【属性】面板、站点窗口和【CSS】面板等。

- 【帮助】菜单：内含 Dreamweaver 帮助、Spry 框架帮助、Dreamweaver 支持中心、产品注册和更新等。

## 11.1.2　插入栏

插入栏有两种显示方式，一种是以菜单方式显示，另一种是以制表符方式显示。插入栏中放置的是制作网页过程中经常用到的对象和工具，通过插入栏可以很方便地插入网页对象，它包括【常用】插入栏、【结构】插入栏、【表单】插入栏、【媒体】插入栏、【jQuery Mobile】插入栏、【jQuery UI】插入栏、【模板】插入栏、【收藏夹】插入栏和【隐藏标签】，其中【常用】插入栏如图 11-3 所示。

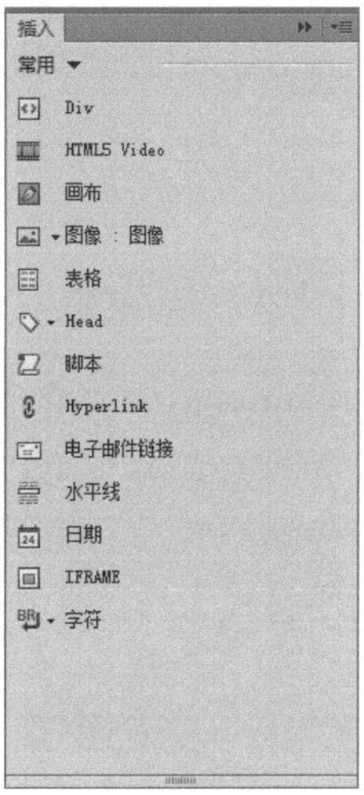

【常用】插入栏主要有以下几种参数。

- Div：可以使用 Div 标签创建 CSS 布局块，并在文档中对它们进行定位。

- HTML5 Video：HTML5 Video 提供一种将电影或视频嵌入到网页中的标准方式。

- 画布：画布元素是动态生成的图形的容器。这些图形是在运行时通过脚本语言（如 JavaScript）创建的。

- 图像：用于在文档中插入图像等，单击右侧的小三角，可以看到其他与图像相关的按钮。

- 表格：建立主页的基本构成元素即表格。

图 11-3　【常用】插入栏

- Head：用于定义网页文档的头部，它是所有头部元素的容器。

- 脚本：插入脚本。

- Hyperlink：创建超级链接。

- 电子邮件链接：创建电子邮件链接，只要指定要链接邮件的文本和邮件地址，就可以自动插入邮件地址发送链接。

- 水平线：在网页中插入水平线。

- 日期：插入当前时间和日期。

- IFRAME：插入 IFRAME 代码。

- 字符：在网页中插入相应的字符符号。

## 11.1.3　属性面板

【属性】面板主要用于查看和更改所选对象的各种属性，而每种对象的属性不尽相同。在【属性】面板中包括两种选项，一种是【HTML】选项，它将默认显示文本的格式、样式和对齐方式等属性，如图 11-4 所示；另一种是【CSS】选项，单击【属性】面板中的【CSS】选项，可以在【CSS】选项中设置各种属性，如图 11-5 所示。

图 11-4　【HTML】选项

图 11-5　【CSS】选项

## 11.1.4　面板组

Dreamweaver 中的面板可以自由组合成为面板组。每个面板组都可以展
开和折叠，并且可以和其他面板组停靠在一起或取消停靠。面板组还可
以停靠到集成的应用程序窗口中。这样就能够很容易地访问所需的面板，
而不会使工作区变得混乱，如图 11-6 所示。

## 11.1.5　文档窗口

【文档】窗口包括了控制文档窗口视图的按钮和一些比较常用的弹出菜单，
用户可以通过【代码】、【拆分】、【设计】和【实时视图】4 个按钮使工作
区在不同的视图模式之间进行切换，如图 11-7 所示。

图 11-6　面板组

图 11-7　【文档】窗口

- 代码 代码 ：显示 HTML 源代码视图。

- 拆分 拆分 ：同时显示 HTML 源代码和【设计】视图。

- 设计 设计 ：是系统默认设置，只显示【设计】视图。

- 实时视图 实时视图 ：显示不可编辑的、交互式的、基于浏览器的文档视图。

- 在浏览器中预览 / 调试 ：允许用户在浏览器中浏览或调试文档。

- 标题 标题 ：输入要在网页浏览器上显示的文档标题。

- 文件管理 ：当一个页面供多人操作时，可通过【文件管理】进行获取、取出、打开文件、导出和设计附注等操作。

## 11.2 创建本地站点

建立本地站点就是在本地计算机硬盘上建立一个文件夹并将其作为站点的根目录，然后将网页及其他相关的文件，如图片、声音、HTML 文件，存放在该文件夹中。发布站点前需将文件夹中的文件上传到 Web 服务器上。制作网页之前首先要建立一个本地站点，具体步骤如下。

（1）选择菜单中的【站点】|【管理站点】命令，弹出【管理站点】对话框，在对话框中单击【新建站点】按钮，如图 11-8 所示。

（2）弹出【站点设置对象未命名站点 2】对话框，在【站点名称】文本框中输入名称，如图 11-9 所示。

图 11-8　【管理站点】对话　　　　　　图 11-9　输入站点的名称

要制作一个网站，第一步操作都是一样的，就是要创建一个【站点】。这样可以将整个网站的脉络结构清晰地展现在面前，从而避免了错乱管理情况的发生。

（3）单击【本地站点文件夹】文本框右边的文件夹按钮，弹出【选择根文件夹】对话框，在对话框中选择相应的位置，如图 11-10 所示。

（4）单击【选择文件夹】按钮，选择文件位置，如图 11-11 所示。

（5）单击【保存】按钮，返回到【管理站点】对话框，对话框中显示了新建的站点，如图 11-12 所示。

（6）单击【完成】按钮，在【文件】面板中可以看到创建的站点中的文件，如图 11-13 所示。

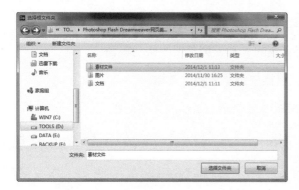

图 11-10　【选择根文件夹】对话框

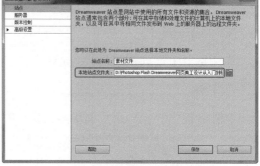

图 11-11　选择文件位置

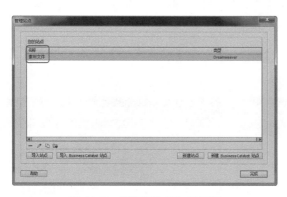

图 11-12　【管理站点】对话框

图 11-13　【文件】面板

 **提示**　站点定义不好，其结构将会变得纷乱不堪，这会给以后的维护造成很大的困难。因此大家千万不要小看站点定义，其在整个网站建设中是相当重要的。

## 11.3　插入文本

在 Dreamweaver 中可以通过直接输入、复制和粘贴的方法将文本插入到文档中，可以在文本的字符与行之间插入额外的空格，还可以插入特殊字符和水平线等。

### 11.3.1　插入普通文本

文本是基本的信息载体，是网页中的基本元素。浏览网页时，获取信息最直接、最直观的方式就是通过文本。在 Dreamweaver 中添加文本的方法非常简单，具体操作步骤如下，所涉及的文件如表 11-1 所示。

表 11-1

| 原始文件 | 原始文件 CH11/11.3.1/index.htm |
| --- | --- |
| 最终文件 | 最终文件 CH11/11.3.1/index1.htm |

（1）打开素材文件"原始文件 /CH11/11.3.1/index.htm"，如图 11-14 所示。

（2）将光标置于要输入文本的位置，输入文本，如图 11-15 所示。

图 11-14　打开素材文件　　　　　　图 11-15　输入文本

（3）保存文档，按 F12 键在浏览器中预览，效果如图 11-16 所示。

图 11-16　输入文字效果

提示　插入普通文本还有一种方法，即从其他应用程序中复制并粘贴到 Dreamweaver 文档窗口中。在添加文本时还要注意根据用户语言的不同，选择不同的文本编码方式，错误的文本编码方式将使中文字显示为乱码。

## 11.3.2　设置文本属性

如果网页中的文本样式太单调，会大大降低网页的外观效果。通过对文本格式进行设置可使其变得美观，让网页更具魅力。选中需设置格式的文本，然后可以在【属性】面板中设置文本的具体属性，具体步骤如下，所涉及的文件如表 11-2 所示。

表 11-2

| 原始文件 | 原始文件 CH11/11.3.2/index.htm |
|---|---|
| 最终文件 | 最终文件 CH11/11.3.2/index1.htm |

（1）打开素材文件"原始文件 /CH11/11.3.2/index.htm"，如图 11-17 所示。

（2）选中文字，选择菜单中的【窗口】|【属性】命令，打开【属性】面板，单击【大小】文本框右边的按钮，在弹出的菜单中选择字体【大小】为【12 px】，如图 11-18 所示。

图 11-17　打开素材文件

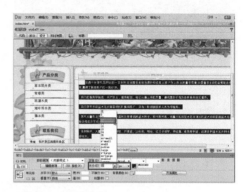

图 11-18　设置字体大小

（3）在【属性】面板中的【字体】下拉列表中选择【管理字体】选项，如图 11-19 所示。

（4）在对话框中选择【自定义字体堆栈】选项，在【可用字体】选项中选择要添加的字体，单击 << 按钮添加到左侧的【选择的字体：】列表框中，在【字体列表：】框中也会显示新添加的字体，如图 11-20 所示。重复以上操作即可添加多种字体，若要取消已添加的字体，可以选中该字体单击 >> 按钮。

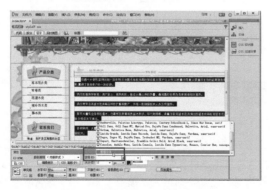

图 11-19　单击【字体】文本框

图 11-20　【管理字体】对话框

（5）完成一个字体样式的编辑后，单击 ➕ 按钮可进行下一个样式的编辑。若要删除某个已经编辑的字体样式，可选中该样式单击 ➖ 按钮。

（6）完成字体样式的编辑后，单击"完成"按钮关闭该对话框。在属性面板的【字体】文本框右边设置字体，如图 11-21 所示。

（7）单击【Color 颜色】按钮，在弹出的颜色框中设置文本颜色为【#003300】，如图 11-22 所示。

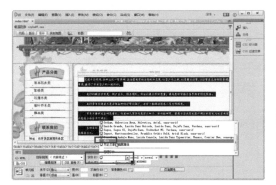 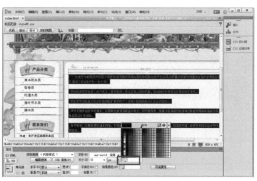

图 11-21 设置字体 图 11-22 设置文本颜色

> **提示**　如果调色板中的颜色不能满足需要，可单击　按钮，在弹出的【颜色】对话框中选择需要的颜色即可。

（8）单击【字体样式】右边的文本框中，在弹出的列表中选择【bold】，设置字体为粗体，如图 11-23 所示。

（9）保存文档，按 F12 键在浏览器中预览，效果如图 11-24 所示。

图 11-23 设置字体为粗体 图 11-24 预览效果

### 11.3.3 插入特殊字符

制作网页时，可能要输入一些键盘上没有的特殊字符，如日元符号、注册商标等，这就需要使用 Dreamweaver 的字符功能。下面讲述版权符号这类特殊字符的添加方法，具体操作步骤如下，所涉及的文件如表 11-3 所示。

表 11-3

| 原始文件 | 原始文件 /CH11/11.3.3/index.htm |
| --- | --- |
| 最终文件 | 最终文件 /CH11/11.3.3/index1.htm |

（1）打开素材文件"原始文件 /CH11/11.3.3/index.htm"，如图 11-25 所示。

（2）将光标置于要插入特殊字符的位置，选择菜单中的【插入】|【字符】|【版权】命令，如图 11-26 所示。

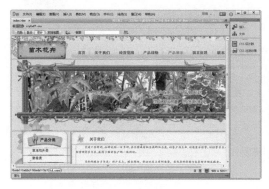

图 11-25　打开素材文件　　　　　　　　图 11-26　选择【版权】命令

---

提示

插入版权字符的方法还有以下两种：

- 单击【常用】插入栏中的字符 [BR] ▼ 按钮右侧的小三角形，在弹出的菜单中选择要插入的版权符号。
- 选择菜单中的【插入】|【字符】|【其他字符】命令，弹出【插入其他字符】对话框，在对话框中选择版权符号，单击【确定】按钮，也可以插入版权字符。

---

（3）选择命令后就可插入版权字符，如图 11-27 所示。

（4）保存文档，按 F12 键在浏览器中预览，效果如图 11-28 所示。

图 11-27　插入版权字符　　　　　　　　图 11-28　预览效果

---

提示

在许多浏览器（尤其是旧版本的浏览器，以及除 Netscape Netvigator 和 Internet Explorer 外的其他浏览器）中有很多特殊字符无法正常显示，因此应尽量少用特殊字符。

---

## 11.4　使用列表

在网页编辑中，有时会使用列表。包含层次关系、并列关系的标题都可以制作成列表形式，这样有利于访问者理解网页内容。列表包括项目列表和编号列表,下面分别进行介绍。

## 11.4.1 插入项目列表

如果项目列表之间是并列关系,则需要生成项目符号列表。项目列表又称无序列表,即这种列表的项目之间没有先后顺序。项目列表前面一般用项目符号作为前导字符,具体操作步骤如下,所涉及的文件如表 11-4 所示。

表 11-4

| 原始文件 | 原始文件 /CH11/11.4.1/index.htm |
| --- | --- |
| 最终文件 | 最终文件 /CH11/11.4.1/index.1.htm |

(1)打开素材文件"原始文件 /CH11/11.4.1/index.htm",将光标置于要创建项目列表的位置,如图 11-29 所示。

(2)选择菜单中的【格式】|【列表】|【项目列表】命令,如图 11-30 所示。

图 11-29 打开素材文件

图 11-30 选择【项目列表】命令

(3)选择命令后,即可创建项目列表,如图 11-31 所示。

(4)重复以上步骤,可以插入其他的项目列表,如图 11-32 所示。

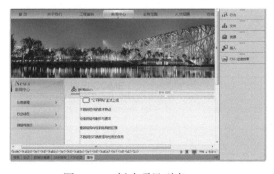

图 11-31 创建项目列表

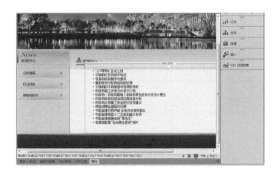

图 11-32 插入其他项目列表

(5)保存文档,按 F12 键在浏览器中预览,效果如图 11-33 所示。

图 11-33　预览效果

## 11.4.2　插入编号列表

当网页内的文本需要按序排列时，就应该使用编号列表。编号列表的项目符号可以在阿拉伯数字、罗马数字和英文字母中做出选择。具体操作步骤如下，所涉及的文件如表 11-5 所示。

**表 11-5**

| 原始文件 | 原始文件 /CH11/11.4.2/index.htm |
|---|---|
| 最终文件 | 最终文件 /CH11/11.4.2/index.1.htm |

（1）打开素材文件"原始文件 /CH11/11.4.2/index.htm"，将光标置于要创建编号列表的位置，如图 11-34 所示。

（2）选择菜单中的【格式】|【列表】|【编号列表】命令，如图 11-35 所示。

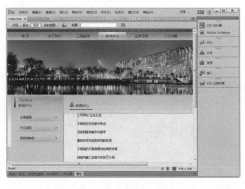

图 11-34　打开素材文件

图 11-35　选择【编号列表】命令

（3）选择命令后，即可创建编号列表，如图 11-36 所示。

（4）重复以上步骤，可插入其他的编号列表，如图 11-37 所示。

（5）保存文档，按 F12 键在浏览器中预览，效果如图 11-38 所示。

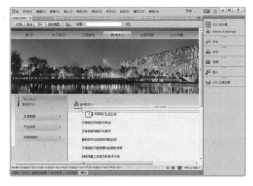

图 11-36 创建编号列表

图 11-37 创建其他编号列表

图 11-38 预览效果

## 11.5 创建超级链接

链接是从一个网页或文件到另一个网页或文件的访问路径，其不但可以指向图像或多媒体文件，还可以指向电子邮件地址或程序等。当网站访问者单击链接时，将根据目标的类型执行相应的操作，即在 Web 浏览器中打开或运行。

要正确地创建链接，就必须了解链接与被链接文档之间的路径。每一个网页都有一个唯一的地址，称为统一资源定位符（URL），其为创建超级链接的依据。网页中的超级链接按照链接路径的不同，可以分为相对路径和绝对路径两种链接形式。

### 11.5.1 创建下载文件链接

如果要在网站中提供下载资料，就需要为文件提供下载链接。如果超级链接指向的不是一个网页文件，而是其他形式的文件，例如 zip、mp3、exe 文件等，单击链接的时候就会下载文件。具体操作步骤如下，所涉及的文件如表 11-6 所示。

表 11-6

| 原始文件 | 原始文件 /CH11/11.5.1/index.htm |
|---|---|
| 最终文件 | 最终文件 /CH11/11.5.1/index.1.htm |

（1）打开素材文件"原始文件 /CH11/11.5.1/index.htm"，选中要创建链接的文字，如图 11-39 所示。

（2）选择菜单中的【窗口】|【属性】命令，打开【属性】面板，在面板中单击【链接】文本框右边的按钮 📁，弹出【选择文件】对话框，在对话框中选择要下载的文件，如图 11-40 所示。

图 11-39　打开素材文件　　　　　　　　　　图 11-40　【选择文件】对话框

（3）单击【确定】按钮，添加到【链接】文本框中，如图 11-41 所示。

（4）保存文档，按 F12 键在浏览器中预览，单击文字【更多】，效果如图 11-42 所示。

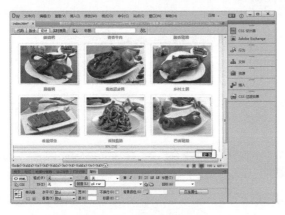

图 11-41　添加链接　　　　　　　　　　　图 11-42　预览效果

**提示**　网站中的每个下载文件必须对应一个下载链接，而不能为多个文件或一个文件夹建立下载链接，如果需要对多个文件或文件夹提供下载，只能利用压缩软件将这些文件或文件夹压缩为一个文件。

## 11.5.2　创建电子邮件链接

E-mail 链接也叫电子邮件链接，其作为超链接的链接目标与其他链接目标不同。当用户在浏览器上单击指向电子邮件地址的超链接时，将会打开默认的邮件管理器的新邮件窗口，其中会提示用户输入信息并将该信息传送给指定的 E-mail 地址。创建电子邮件链接的具体操作步骤如下，所涉及的文件如表 11-7 所示。

表 11-7

| 原始文件 | 原始文件 /CH11/11.5.2/index.htm |
|---|---|
| 最终文件 | 最终文件 /CH11/11.5.2/index.1.htm |

（1）打开素材文件"原始文件 /CH11/11.5.2/index.htm"，将光标置于要创建电子邮件链接的位置，如图 11-43 所示。

（2）选择菜单中的【插入】|【电子邮件链接】命令，如图 11-44 所示。

图 11-43　打开素材文件　　　　　　　　图 11-44　选择【电子邮件链接】命令

提示

单击【常用】插入栏中的【电子邮件链接】按钮，也可以弹出【电子邮件链接】对话框。

（3）弹出【电子邮件链接】对话框，在对话框的【文本】文本框中输入【联系我们】，在 E-mail 文本框中输入 sdhzgw@mail.com，如图 11-45 所示。

（4）单击【确定】按钮，创建电子邮件链接，如图 11-46 所示。

图 11-45　【电子邮件链接】对话框　　　　图 11-46　创建电子邮件链接

提示

如何避免页面电子邮件地址被搜索到？
如果拥有一个站点并发布了 E-mail 链接，那么其他人会利用特殊工具搜索到这个地址并加入到他们的数据库中。那么，就有可能经常会收到不请自来的垃圾信。要想避免 E-mail 地址被搜索到，可以在页面上不按标准格式书写 E-mail 链接，如 yourname at mail.com，它等同与 yourname@mail.com。

（5）保存文档，按 F12 键在浏览器中预览，单击【联系我们】链接文字，效果如图 11-47 所示。

图 11-47　预览效果

> **提示**　单击电子邮件链接后，系统将自动启动电子邮件软件，并在收件人地址中自动填写上电子邮件
> 链接所指定的邮箱地址。

### 11.5.3　创建图像热点链接

同一个图像的不同部分可以链接到不同的文档，其中使用到的链接为热点链接。要使图像特定部分成为超级链接，就要在图像中设置热点，然后再创建链接。创建图像热点链接的具体操作如下，所涉及的文件如表 11-8 所示。

表 11-8

| 原始文件 | 原始文件 /CH11/11.5.3/index.htm |
|---|---|
| 最终文件 | 最终文件 /CH11/11.5.3/index1.htm |

（1）打开素材文件"原始文件 /CH11/11.5.3/index.htm"，如图 11-48 所示。

（2）选中创建热点链接的图像，打开【属性】面板，在【属性】面板中单击【矩形热点工具】按钮，如图 11-49 所示。

图 11-48　打开素材文件

图 11-49　选择矩形热点工具

> **提示**　在【属性】面板中有 3 种热点工具，分别是【矩形热点工具】、【椭圆形热点工具】和【多边形
> 热点工具】，可以根据图像的形状来选择热点工具。

（3）将光标移动到要绘制热点的图像【公司简介】的上方，按住鼠标左键不放，拖动鼠标左键绘制一个矩形热点，如图 11-50 所示。

（4）选中矩形热点，在【属性】面板【链接】文本框中输入地址，如图 11-51 所示。

图 11-50　绘制图像热点

图 11-51　设置图像热区链接

（5）同理，绘制其他的图像热点链接，并输入相应的链接，如图 11-52 所示。

（6）保存文档，按 F12 键在浏览器中预览效果。当鼠标指针拖放至绘制的矩形热区上时，鼠标指针会变成手形状，如图 11-53 所示。

图 11-52　绘制其他热区链接

图 11-53　图像热区链接效果

## 11.6　实战——创建基本文本网页

本章主要讲述了创建网页文本的基本知识，下面通过实例讲述创建基本文本网页的方法，具体操作步骤如下，所涉及的文件如表 11-9 所示。

表 11-9

| 原始文件 | 原始文件 /CH11/11.6/index.htm |
|---|---|
| 最终文件 | 最终文件 /CH11/11.6/index1.htm |

（1）打开素材文件"原始文件 /CH11/11.6/index.htm"，如图 11-54 所示。

（2）将光标置于要输入文字的位置，输入文字，如图 11-55 所示。

图 11-54　打开素材文件　　　　　　　　　图 11-55　输入文字

（3）将光标置于文字开头，按住鼠标的左键向下拖放至文字结尾，选中所有的文字，在属性面板中单击【大小】右边的文本框，在弹出的菜单中选择文字的大小，如图 11-56 所示。

（4）单击【文本颜色】按钮，在打开的调色板中设置文本的颜色为 #00491C，如图 11-57 所示。

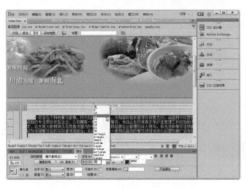
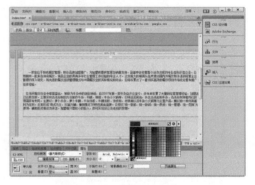

图 11-56　设置文字的大小　　　　　　　　图 11-57　设置文本颜色

（5）在属性面板中单击【字体】右边的文本框，在弹出的列表中选择【宋体】选项，如图 11-58 所示。

（6）保存文档，按 F12 键在浏览器中预览，效果如图 11-59 所示。

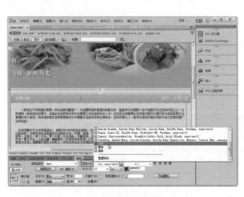

图 11-58　选择【字体】选项　　　　　　　图 11-59　预览效果

# 第12章

# 巧用绚丽的图像和多媒体让网页动起来

本章主要介绍在网页中插入图像和多媒体的方法，包括在网页中插入图像及设置图像属性，并用实例进一步说明插入鼠标经过图像的具体方法，同时还讲解为页面添加声音、视频文件和 Flash 动画的方法，最后讲述插入图像和多媒体的实例。

### 学习目标

- ☐  插入网页图像
- ☐  插入鼠标经过图像
- ☐  添加声音和视频文件
- ☐  添加 Flash 动画
- ☐  创建图文混排网页
- ☐  在网页中插入媒体实例

## 12.1　在网页中插入图像

图像是网页中最主要的元素之一，它不但能美化网页，而且与文本相比还能够更直观地说明问题，使所表达的意思一目了然。这样图像就会为网站增添生命力，同时也加深用户对网站的印象。

网页中图像的格式通常有 3 种，即 GIF、JPEG 和 PNG。目前 GIF 和 JPEG 文件格式的支持情况最好，用大多数浏览器都可以查看。由于 PNG 文件具有较大的灵活性并且文件较小，因此它几乎对于任何类型的网页图形都是最适合的。但是 Microsoft Internet Explorer 和 Netscape Navigator 只能部分支持 PNG 图像的显示。建议使用 GIF 或 JPEG 格式以满足更多人的需求。

### 12.1.1　在网页中插入图像

前面介绍了网页中常见的 3 种图像格式，下面就来学习在网页中使用图像的方法。在使用图像前，一定要有目的性地选择图像，最好运用图像处理软件美化一下，否则插入的图像可能会不够美观，非常死板。在网页中使用图像的具体制作步骤如下，所涉及的文件如表 12-1 所示。

表 12-1

| 原始文件 | 原始文件 /CH12/12.1.1/index.htm |
|---|---|
| 最终文件 | 最终文件 /CH12/12.1.1/index1.htm |

（1）打开素材文件"原始文件 /CH12/12.1.1/index.htm"，如图 12-1 所示。

（2）将光标放置在要插入图像的位置，选择菜单中的【插入】|【图像】|【图像】命令，如图 12-2 所示。

---

**提示**

使用以下方法也可以插入图像。

- 选择【窗口】|【资源】命令，打开【资源】面板，在【资源】面板中单击 按钮，展开图像文件夹，选定图像文件，然后用鼠标拖放到网页中合适的位置。
- 单击【常用】插入栏中的 按钮，弹出【选择图像源文件】对话框，从中选择需要的图像文件。

---

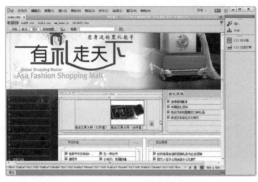

图 12-1　打开素材文件　　　　　　　　　　图 12-2　选择【图像】选项

（3）弹出【选择图像源文件】对话框，在对话框中选择图像"images/2010112016927.jpg"，如图 12-3 所示。

（4）单击【确定】按钮，插入图像完成，如图 12-4 所示。

图 12-3　【选择图像源文件】对话框　　　　　图 12-4　插入图像

（5）保存文档，按 F12 键在浏览器中预览，效果如图 12-5 所示。

图 12-5　预览效果

## 12.1.2　设置图像属性

将图像插入文档后，Dreamweaver CC 会自动按照图像的大小显示，所以还需要对图像的属性进行具体的调整，如大小、位置及对齐等。选中图像，在图像属性面板中可以自定义图像的属性，具体操作步骤如下，所涉及的文件如表 12-2 所示。

（1）打开素材文件"原始文件 /CH12/12.1.2/index.htm"，如图 12-6 所示。

（2）单击选中图像，选择菜单中的【窗口】|【属性】命令，打开属性面板，在属性面板中设置图像的属性，如图 12-7 所示。

图 12-6　　　　　　　　　　　　　　　　　图 12-7

表 12-2

| 原始文件 | 原始文件 /CH12/12.1.2/index.htm |
| --- | --- |
| 最终文件 | 最终文件 /CH12/12.1.2/index1.htm |

在图像属性面板中可以对如下元素进行设置。

- 【宽】和【高】：以像素为单位设定图像的宽度和高度。当在网页中插入图像时，Dreamweaver 会自动使用图像的原始尺寸。可以使用以下单位指定图像大小：点、英寸、毫米和厘米。在 HTML 源代码中，Dreamweaver 将这些单位转换为像素。

- 【Src】：指定图像的具体路径。

- 【链接】：为图像设置超级链接。可以单击按钮浏览选择要链接的文件，或直接输入 URL 路径。

- 【目标】：链接时的目标窗口或框架。在其下拉列表中包括 4 个选项。

  - 【_blank】：将链接的对象在一个未命名的新浏览器窗口中打开。

  - 【_parent】：将链接的对象在含有该链接的框架的父框架集或父窗口中打开。

  - 【_self】：将链接的对象在该链接所在的同一框架或窗口中打开。【_self】是默认选项，通常不需要特别指定。

  - 【_top】：将链接的对象在整个浏览器窗口中打开，会替代所有框架。

- 【替换】：图像的注释。当浏览器不能正常显示图像时，便在图像的位置用这个注释代替图像。

- 【编辑】：启动【外部编辑器】首选参数中指定的图像编辑器并使用该图像编辑器打开选定的图像。

- 【地图】：在【地图】中可标注和创建客户端图像地图。

- 【原始】：指定在载入主图像之前应该载入的图像。

（3）选择图像，单击鼠标右键在弹出的菜单中将图像设置为【右对齐】，如图 12-8 所示。

（4）保存文档，按 F12 键在浏览器中预览效果，如图 12-9 所示。

图 12-8　设置图像右对齐

图 12-9　设置图像属性效果

## 12.1.3　裁剪图像

Dreamweaver CC 中提供了直接在文档中裁剪图像的功能，因此不再需要通过其他图像编辑软件进行操作。裁剪图像的具体操作步骤如下，所涉及的文件如表 12-3 所示。

表 12-3

| 原始文件 | 原始文件 /CH12/12.1.3/index.htm |
|---|---|
| 最终文件 | 最终文件 / 利用属性面裁剪图像 |

（1）打开素材文件"原始文件 /CH12/12.1.3/index.htm"，如图 12-10 所示。

（2）选中要裁剪的图像，单击【属性】面板中的【裁剪】▣按钮，如图 12-11 所示。

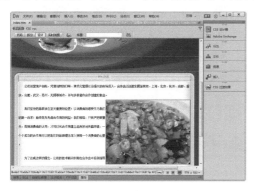 

图 12-10　打开素材文件　　　　　图 12-11　单击【裁剪】按钮

（3）此时在图像的周围会出现调整图像大小的控制手柄，双击确定可以对图像进行裁切，之后可调整裁剪的区域，如图 12-12 所示。

（4）调整好裁剪区域后，按 Enter 键即可裁剪图像。

图 12-12　调整裁剪的区域

**提示**　使用 Dreamweaver 裁剪图像时，会更改磁盘上的原图像文件，因此用户可能需要事先备份图像文件，以便在需要恢复到原始图像时使用。

## 12.1.4　调整图像的亮度和对比度

调整图像的亮度和对比度的具体操作步骤如下，所涉及的文件如表 12-4 所示。

表 12-4

| 原始文件 | 原始文件 /CH12/12.1.4/index.htm |
|---|---|
| 最终文件 | 最终文件 / 利用属性面板调整图像的亮度和对比度 |

（1）选中要调整亮度和对比度的图像，单击【属性】面板中的【亮度和对比度】按钮，如图 12-13 所示。

（2）打开【亮度/对比度】对话框，如图 12-14 所示，在对话框中分别拖动【亮度】和【对比度】的滑块，或直接在文本框中输入数值，即能迅速改变图像的亮度和对比度。勾选【预览】前面的复选框，则可看到图像在文档窗口中被调整的效果。

（3）设置完毕后，单击【确定】按钮，即可调整图像的亮度和对比度。如图 12-15 所示。

图 12-13　单击【亮度和对比度】 按钮

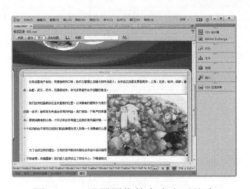

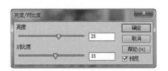

图 12-14　【亮度 / 对比度】对话框

图 12-15　设置图像的亮度和对比度

## 12.1.5　锐化图像

锐化图像的具体操作步骤如下，所涉及的文件如表 12-5 所示。

表 12-5

| 原始文件 | 原始文件 /CH12/12.1.5/index.htm |
| --- | --- |

（1）选中要锐化的图像，单击【属性】面板中的【锐化】按钮，如图 12-16 所示。

（2）打开【锐化】对话框，在对话框中拖动【锐化】的滑块，或直接在文本框中输入数值如图 12-17 所示。

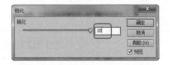

图 12-16　单击【锐化】按钮

图 12-17　【锐化】对话框

（3）设置完毕后，单击【确定】按钮，即可锐化图像。如图 12-18 所示。

图 12-18　锐化图像

## 12.2　插入鼠标经过图像

所谓鼠标经过图像就是在浏览网页时当鼠标指针移到图像上时会发生变化的图像。使用两个文件图像创建鼠标经过图像：原始图像（当首次载入网页时显示的图像）和鼠标经过图像（当鼠标指针移过原始图像时显示的图像）。创建鼠标经过图像网页的具体操作步骤如下，所涉及的文件如表 12-6 所示。

表 12-6

| 原始文件 | 原始文件 /CH12/12.2/index.htm |
| --- | --- |
| 最终文件 | 最终文件 /CH12/12.2/index.1.htm |

（1）打开素材文件"原始文件 /CH12/12.2/index.htm"，如图 12-19 所示。

（2）将光标放置在要插入图像的位置，选择菜单中的【插入】|【图像】|【鼠标经过图像】命令，如图 12-20 所示。

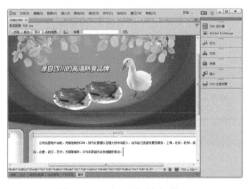

图 12-19　打开素材文件

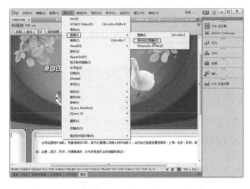

图 12-20　选择【鼠标经过图像】选项

（3）弹出【插入鼠标经过图像】对话框，在对话框中，单击【原始图像】文本框右边的【浏览】按钮，弹出【原始图像：】对话框，在对话框中选择图像"images/TU1.jpg"，如图 12-21 所示。

（4）单击【确定】按钮，将图像路径添加到文本框中。单击【鼠标经过图像】文本框右边的【浏览】按钮，弹出【鼠标经过图像：】对话框，在对话框中选择图像"images/TU2.jpg"，如图 12-22 所示。

图 12-21　选择图像"images/TU1.jpg"　　　　图 12-22　选择图像"images/TU2.jpg"

（5）单击【确定】按钮插入图像，将图像路径添加到文本框中，如图 12-23 所示。

（6）单击【确定】按钮，插入鼠标经过图像，如图 12-24 所示。

图 12-23　【插入鼠标经过图像】对话框　　　　图 12-24　插入鼠标经过图像

---

**提示**　单击【常用】插入栏中的 按钮，在弹出的菜单中选择【鼠标经过图像】 按钮，弹出【插入鼠标经过图像】对话框，也可以插入鼠标经过图像。

---

【插入鼠标经过图像】对话框中的各参数设置如下。

- 【图像名称】：图像的名称是必须输入的选项。因为【插入鼠标经过图像】的方法，实际是采用了 Dreamweaver CC 自带的【行为】功能。该行为一般多采用脚本编写，当脚本执行需要指定某张图像时，就需要使用【图像名称】。

- 【原始图像】：在页面中显示原始图像的路径。

- 【鼠标经过图像】：当鼠标经过原始图像时所需切换显示的图像。

- 【替换文本】：当图像不能显示，或鼠标停留在该图像位置上时，显示【替换文本】中的内容。

- 【按下时，前往的 URL】：对【鼠标经过图像】设置超级链接。

（7）选中插入的鼠标经过图像，单击鼠标右键，在弹出的菜单中选择【对齐】|【右对齐】选项，如图 12-25 所示。

图 12-25 设置右对齐

（8）保存文档。按 F12 键在浏览器中预览效果，鼠标经过前后如图 12-26 和图 12-27 所示。

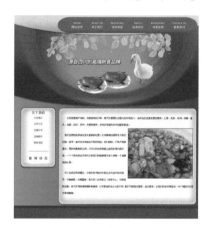 

图 12-26 鼠标经过前 　　　　　 图 12-27 鼠标经过后

**提示** 鼠标经过图像中的两个图像应大小相等，如果这两个图像大小不同，Dreamweaver 将自动调整第二个图像的大小以匹配第一个图像。

## 12.3 添加声音和视频文件

在网页中可以插入 Mid、AIFF、WAV、MP3 等类型的声音文件。声音文件需要占用大量的磁盘空间和内存。一般情况下，最好使用单声道声音，如果使用立体声的话，那么它的数据量将是单声道声音的两倍。在添加声音文件前，最好能先压缩声音文件。随着宽带技术的发展和推广，互联网上出现了许多视频网站。越来越多的人选择观看在线视频，同时也有很多的网站提供在线视频服务。视频文件的格式非常多，常见的有 MPEG、AVI、WMV、RM 和 MOV 等。

## 12.3.1　添加声音

通过代码提示，可以在【代码】视图中插入代码，在输入某些字符时，将显示一个列表，列出完成条目所需的选项。下面将通过代码提示讲述插入背景音乐的方法，具体操作步骤如下，所涉及的文件如表 12-7 所示。

表 12-7

| 原始文件 | 原始文件 /CH12/12.3.1/index.htm |
| --- | --- |
| 最终文件 | 最终文件 /CH12/12.3.1/index.1.htm |

（1）打开素材文件"原始文件 /CH12/12.3.1/index.htm"，如图 12-28 所示。

（2）切换到【代码】视图，在【代码】视图中找到标签 <body>，并在其后面输入"<"以显示标签列表，在列表中选择【bgsound】标签，如图 12-29 所示。

---

**提示**　　使用 <bgsound> 来插入背景音乐，只适用于 Internet Explorer 浏览器，并且当浏览器窗口最小化时，背景音乐将停止播放。

---

图 12-28　打开素材文件　　　　　　　　图 12-29　在 <body> 后面输入"<"

（3）在列表中双击【bgsound】标签，则插入该标签。如果该标签支持属性，则按空格键以显示该标签允许的属性列表，从中选择属性【src】，这个属性用来设置背景音乐文件的路径，如图 12-30 所示。

（4）双击后出现【浏览】字样，打开【选择文件】对话框，从对话框中选择音乐文件，如图 12-31 所示。

图 12-30　选择属性【src】　　　　　　　图 12-31　【选择文件】对话框

（5）选择音乐文件后，单击【确定】按钮，插入音乐文件，如图 12-32 所示。

（6）在插入的音乐文件后按空格键，在属性列表中选择属性【loop】，如图 12-33 所示。

图 12-32　插入音乐文件

图 12-33　选择属性【loop】

（7）然后选中【loop】，出现"-1"并将其选中，即在属性值后面输入">"，如图 12-34 所示。

（8）保存网页文档，按 F12 键即可在浏览器中浏览网页，当打开图 12-35 所示的网页时就能听到音乐。

图 12-34　输入">"

图 12-35　插入背景音乐的效果

## 12.3.2　插入视频文件

利用视频技术，可实现网络视频聊天、在线看电影等功能。在网页中插入视频主要有两种方法，一种方法是利用 ActiveX 插入，另一种方法是利用插件插入。

下面将通过实例介绍在网页中插入视频文件的方法，具体的操作步骤如下，所涉及的文件如表 12-8 所示。

表 12-8

| 原始文件 | 原始文件 /CH12/12.3.2/index.htm |
| --- | --- |
| 最终文件 | 最终文件 /CH12/12.3.2/index.1.htm |

（1）打开素材文件"原始文件 /CH12/12.3.2/index.htm"，如图 12-36 所示。

（2）将光标置于要插入视频的位置，选择菜单中的【插入】|【媒体】|【Flash Video】命令，

如图 12-37 所示。

（3）弹出【插入 FLV】对话框，在对话框中单击【URL】文本框右侧的【浏览】按钮，弹出【选择 FLV】对话框，在对话框中选择 "2.flv" 文件，如图 12-38 所示。

图 12-36　打开素材文件　　　　　　　　图 12-37　选择【Flash Video】命令

（4）单击【确定】按钮，输入 "2.flv" 文件的路径，【宽度】设置为 180，【高度】设置为 150，如图 12-39 所示。

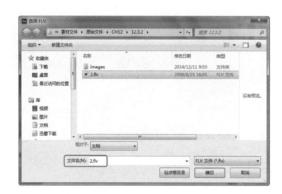

图 12-38　选择 FLV　　　　　　　　　图 12-39　【插入 FLV】对话框

（5）单击【确定】按钮，即可插入视频，如图 12-40 所示。

（6）保存文档，按 F12 键在浏览器中预览，效果如图 12-41 所示。

图 12-40　插入视频　　　　　　　　　图 12-41　预览效果

提示　当插入的视频文件格式不同时，查看的视频控制器也不同。

## 12.4　添加 Flash 动画

在网页文档中插入 Flash 动画、按钮和文本等，可以增加网页的动感，使网页更具吸引力。

在网页中可以很轻松地插入 Flash 动画，具体操作方法如下，所涉及的文件如表 12-9 所示。

表 12-9

| 原始文件 | 原始文件 /CH12/12.4/index.htm |
|---|---|
| 最终文件 | 最终文件 /CH12/12.4/index1.htm |

（1）打开素材文件"原始文件 /CH12/12.4/index.htm"，如图 12-42 所示。

（2）将光标放置在插入 Flash 动画的位置，选择菜单中的【插入】|【媒体】|【Flash SWF】命令，如图 12-43 所示。

图 12-42　打开素材文件　　　　　　图 12-43　选择【Flash SWF】命令

（3）弹出【选择 SWF】对话框，在对话框中选择"12.4/ban.swf"文件，如图 12-44 所示。

（4）单击【确定】按钮，插入 Flash 动画，如图 12-45 所示。

图 12-44　【选择 SWF】对话框　　　　　图 12-45　插入 Flash 动画

提示　单击【媒体】插入栏中的 Flash SWF 🗹 按钮，也可以弹出【选择 SWF】对话框，插入 SWF 影片。

（5）选中插入的 SWF 动画，选择菜单中的【窗口】|【属性】命令，打开属性面板，如图 12-46 所示。在属性面板中单击【播放】按钮，即可播放 Flash 动画；单击【停止】按钮，播放停止。保存文档。按 F12 键在浏览器中预览效果，如图 12-47 所示。

图 12-46　打开属性面板

图 12-47　插入 Flash 动画效果

## 12.5　实战

本章主要讲述了在网页中插入图像、设置图像属性、简单编辑图像和插入其他图像元素的方法，下面通过实例来巩固相关知识。

### 实战 1——创建图文混排网页

Dreamweaver CC 提供了强大的图文混排功能，为网页设计注入了活力。下面将通过实例讲述图文混排的方法，具体操作步骤如下，所涉及的文件如表 12-10 所示。

表 12-10

| 原始文件 | 原始文件 /CH12/ 实战 1/index.htm |
|---|---|
| 最终文件 | 最终文件 /CH12/ 实战 1/index1.htm |

（1）打开素材文件"原始文件 /CH12/ 实战 1/index.htm"，如图 12-48 所示。

（2）将光标置于要插入图像的位置，选择菜单栏中的【插入】|【图像】|【图像】命令，弹出【选择图像源文件】对话框，在对话框中选择图像文件，如图 12-49 所示。

图 12-48　打开素材文件

图 12-49　【选择图像源文件】对话框

（3）单击【确定】按钮，插入图像，如图 12-50 所示。

（4）选中图像，单击鼠标右键，在弹出的菜单中选择【对齐】|【右对齐】选项，如图 12-51 所示。

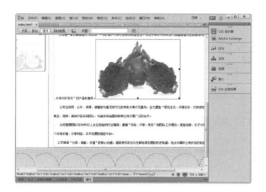
图 12-50 插入图像

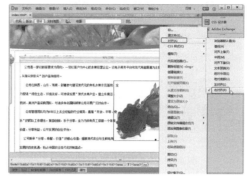
图 12-51 选择【右对齐】选项

（5）保存文档，按 F12 键即可在浏览器中预览效果，如图 12-52 所示。

图 12-52 预览视频效果

## 实战 2——在网页中插入媒体实例

在网页中插入媒体的具体操作步骤如下，所涉及的文件如表 12-11 所示。

表 12-11

| 原始文件 | 原始文件 /CH12/ 实战 2/index.htm |
| --- | --- |
| 最终文件 | 最终文件 /CH12/ 实战 2/index1.htm |

（1）打开素材文件"原始文件 /CH12/ 实战 2/index.htm"，如图 12-53 所示。

（2）将光标置于相应的位置，选择菜单中的【插入】|【媒体】|【Flash SWF】命令，弹出【选

择 SWF】对话框，如图 12-54 所示。

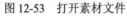
　　　图 12-53　打开素材文件

　　图 12-54　【选择 SWF】对话框

（3）在对话框中选择相应的 SWF 文件，单击【确定】按钮，插入相应的 SWF 文件，如图 12-55 所示。

（4）单击属性面板中的【播放】按钮，在文档窗口中预览插入的 SWF 文件的播放效果，如图 12-56 所示。

　　　图 12-55　插入相应的 SWF 文件

　　　图 12-56　SWF 的属性面板

（5）保存文档，按 F12 键在浏览器中预览效果，如图 12-57 所示。

图 12-57　预览效果

# 第13章

# 使用表格轻松排列和布局网页元素

表格是网页设计制作时不可缺少的重要元素。无论是用于排列数据还是对页面上的文本进行排版，表格都表现出了强大的功能。它以简洁明了和高效快捷的方式，将数据、文本、图像、表单等元素有序地显示在页面上，呈现出版式漂亮的网页。表格最基本的作用就是让复杂的数据变得更有条理，让人容易看懂。在设计页面时，往往要利用表格来布局定位网页元素。通过对本章的学习，应掌握插入表格、设置表格属性、编辑表格及利用表格布局网页的技巧。

---

**学习目标**

- ☐ 插入表格和表格元素
- ☐ 选择表格元素
- ☐ 表格的基本操作
- ☐ 排序及整理表格内容
- ☐ 利用表格排列数据
- ☐ 创建细线表格

## 13.1 插入表格和表格元素

在 Dreamweaver 中，表格起着非常重要的作用，可以用于制作简单的图表，还可以用于安排网页文档的整体布局。利用表格设计页面布局，可以不受分辨率的限制。

### 13.1.1 插入表格

在 Dreamweaver 中插入表格非常简单，具体操作步骤如下。

（1）打开素材文件"原始文件 /CH13/13.1.1/index.htm"，如图 13-1 所示。

（2）将光标放置在要插入表格的位置，选择菜单中的【插入】|【表格】命令，弹出【表格】对话框，在对话框中将【行数】设置为 10，【列数】设置为 5，【表格宽度】设置为 90%，如图 13-2 所示。

提示　单击【常用】插入栏中的 按钮，弹出【表格】对话框，也可以设置各项参数以插入表格。

图 13-1　打开素材文件

图 13-2　【表格】对话框

在【表格】对话框中可以进行如下设置。

- 【行数】：在文本框中输入新建表格的行数。

- 【列】：在文本框中输入新建表格的列数。

- 【表格宽度】：用于设置表格的宽度，其中右边的下拉列表中包含百分比和像素两个选项。

- 【边框粗细】：用于设置表格边框的宽度，如果设置为 0，则在浏览时看不到表格的边框。

- 【单元格边距】：用于设置单元格内容和单元格边界之间的像素数。

- 【单元格间距】：用于设置单元格之间的像
素数。

- 【标题】：可以定义表头样式，有 4 种样式
供选。

- 【辅助功能】——【标题】：定义表格的标题。

- 【摘要】：用来对表格进行注释。

（3）单击【确定】按钮，插入表格，如图 13-3 所示。

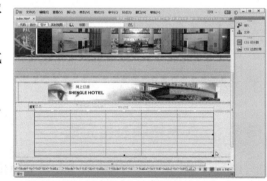
图 13-3　插入表格

## 13.1.2　设置表格属性

直接插入的表格有时并不能让人满意，在 Dreamweaver 中，可以通过设置表格或单元格的
属性来修改表格的外观。选中要设置属性的表格，在【属性】面板中将【SellSpace】设置为
2，【Align】设置为【居中对齐】，【Cellpad】设置为 5，【Border】设置为 1，如图 13-4 所示。

在表格的【属性】面板中可以设置以下参数。

- 【表格】文本框：表格的 TNR。

- 【行】和【Cols】：表格中行和列的数量。

- 【宽】：以像素为单位或表示为占浏览器窗口宽度的百分比。

- 【Cellpad】：单元格内容和单元格边界之间的像素数。

- 【CellSpace】：相邻的表格单元格间的像素数。

- 【Align】：设置表格的对齐方式，该下拉列表框中共包含 4 个选项，即【默认】、【左对齐】、【居中对齐】和【右对齐】。

- 【Border】：用来设置表格边框的宽度。

- 【Class】：对该表格设置一个 CSS 类。

- ⯐：用于清除行高。

- ⯐：将表格的宽由百分比转换为像素。

- ⯐：将表格的宽由像素转换为百分比。

- ⯐：从表格中清除列宽。

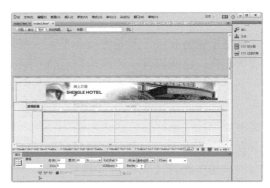

图 13-4　表格的【属性】面板

提示　在表格的代码中输入代码 bgcolor="#6a6231"，设置表格的背景颜色。

### 13.1.3　添加内容到单元格

插入表格后，就可以直接向表格中添加内容了，如将光标置于表格的单元格中可输入相应的文字，如图 13-5 所示。

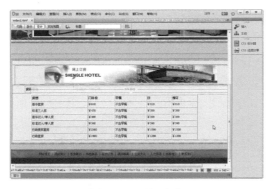

图 13-5　添加内容

## 13.2　选择表格元素

要想在文档中对一个元素进行编辑，那么首先要选中它。同样，要想对表格进行编辑，也要首先选中它。选择表格操作可以分为选中整个表格、选中单元格等几种情况，下面分别进行介绍。

## 13.2.1 选取表格

选择整个表格有以下几种方法。单击表格线的
任意位置。将光标置于表格内的任意位置，选
择菜单中的【修改】|【表格】|【选择表格】命
令。将光标放置到表格的左上角，按住鼠标左
键不放，拖拽鼠标指针到表格的右下角，将整
个表格中的单元格选中，单击鼠标右键，在弹
出的菜单中选择【表格】|【选择表格】选项。
将光标放置在表格的任意位置，单击文档窗口
左下角的 <table> 标签。选中表格后，选项围
绕在表格的四周，如图 13-6 所示。

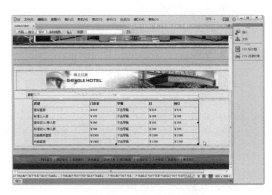

图 13-6　选择整个表格

## 13.2.2 选取行或列

选择表格的行或列有以下两种方法。

- 当鼠标指针位于要选择的行首或列顶时，如果鼠标指针形状变成了箭头，则单击鼠标左
  键即可以选中行或列，图 13-7 所示为选中列，图 13-8 所示为选中行。

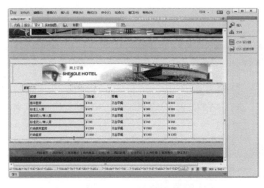 

　　　　图 13-7　选中列　　　　　　　　　　　　　　　图 13-8　选中行

- 将光标置于要选择的行首或列顶，按住鼠标左键不放从左至右拖拽或者从上至下拖曳，
  即可选中行或列，选中行如图 13-9 所示，选中列如图 13-10 所示。

　　　　图 13-9　选择行　　　　　　　　　　　　　　　图 13-10　选择列

### 13.2.3 选取单元格

选择一个单元格有以下几种方法。

- 选取单个单元格的方法是在要选择的单元格中单击鼠标左键，并拖拽鼠标至单元格末尾。

- 按住 Ctrl 键，然后单击单元格可以将其选中。

- 将光标放置在单元格中，单击文档窗口左下角的 <td> 标签，如图 13-11 所示。

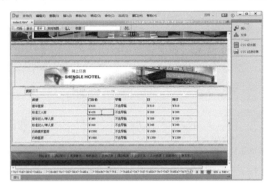

图 13-11　选择一个单元格

 提示　若要选择不相邻的单元格，则在按住 Ctrl 键的同时单击要选择的单元格、行或列。

## 13.3　表格的基本操作

选择了表格后，便可以通过剪切、复制和粘贴等一系列的操作实现对表格的编辑。表格的行数、列数可以通过增加、删除行和列及拆分、合并单元格来改变。

### 13.3.1 调整表格和单元格的大小

调整表格的高度和宽度时，表格中的所有单元格将按比例相应改变大小。

选中表格，此时会出现 3 个控制点，将鼠标指针分别放在 3 个不同的控制点上，指针会变成如图 13-12、图 13-13 和图 13-14 所示的形状，按住鼠标左键拖动即可改变表格的高度和宽度。

图 13-12　改变表格宽度

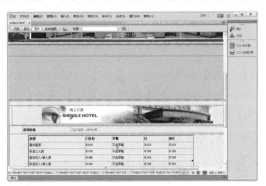

图 13-13　改变表格高度

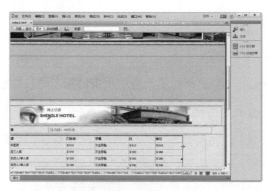

图 13-14　同时调整表格的宽度和高度

### 13.3.2　添加或删除行或列

在已创建的表格内增加行、列，应先将光标放置在要插入行、列的单元格中，然后通过以下方法增加。

- 将光标放置在要插入行的位置，选择菜单中的【修改】|【表格】|【插入行】命令，即可插入一行。

- 将光标放置在要插入列的位置，选择菜单中的【修改】|【表格】|【插入列】命令，即可插入一列。

- 将光标放置在相应的位置，选择菜单中的【修改】|【表格】|【插入行或列】命令，打开【插入行或列】对话框，在对话框设置插入行数和位置等参数，如图 13-15 所示。单击【确定】按钮，即可在相应的位置插入行或列。如图 13-16 所示。

图 13-15　【插入行或列】对话框

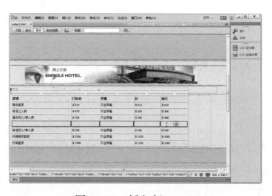

图 13-16　插入行

在【插入】选项中包含【行】和【列】两个单选按钮，一次只能选择其中一个来插入。该选项组的初始状态选择的是【行】单选按钮，所以下面的选项就是【行数】。如果选择的是【列】单选按钮，那么下面的选项就变成了【列数】，在【列数】选项的文本框内可以直接输入预插入的列数。

【位置】选项中包含【所选之上】和【所选之下】两个单选按钮。如果【插入】选项选择的是【列】选项，那么【位置】选项后面的两个单选按钮就会变成【在当前列之前】和【在当前列之后】。

提示　在插入列时，表格的宽度不发生改变，但随着列的增加，列的宽度会相应减小。

删除行、列有以下几种方法。

- 将光标放置在要删除行或列的位置，选择菜单中的【修改】|【表格】|【删除行】命令，或【修改】|【表格】|【删除列】命令，即可删除行或列。

- 选中要删除的行或列，选择菜单中的【编辑】|【清除】命令，即可删除行或列。

- 选中要删除的行或列，按 Delete 键或按 BackSpace 键也可删除行或列。

### 13.3.3　拆分单元格

拆分单元格有以下几种方法。

- 将光标放置在要拆分的单元格中，选择菜单中的【修改】|【表格】|【拆分单元格】命令，打开【拆分单元格】对话框，如图 13-17 所示，在对话框中进行相应的设置，单击【确定】按钮，即可拆分单元格，如图 13-18 所示。

图 13-17　【拆分单元格】对话框　　　　　图 13-18　拆分 2 列单元格

- 将光标放置在要拆分的单元格中，单击鼠标右键，在弹出的菜单中选择【表格】|【拆分单元格】选项。打开【拆分单元格】对话框，也可以拆分单元格。

- 将光标放置在需要拆分的单元格中，在【属性】面板中单击【拆分单元格为行或列】按钮，打开【拆分单元格】对话框，也可以拆分单元格。

### 13.3.4　合并单元格

合并单元格有以下几种方法。

- 选中要合并的单元格，选择菜单中的【修改】|【表格】|【合并单元格】命令，即可将选中的单元格合并。

- 选中要合并的单元格，单击鼠标右键，在弹出的菜单中选择【表格】|【合并单元格】选项，即可合并单元格。

- 选中要合并的单元格，在【属性】面板中单击【合并所选单元格，使用跨度】按钮，即可将选中的单元格合并，如图 13-19 所示。

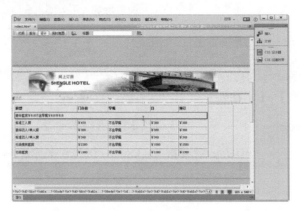

图 13-19　合并单元格

 提示　不管选择多少行、多少列或者多少单元格，选择的部分必须是在一个连续的矩形内。这时，【属性】面板中的 ▭ 按钮是可用的，说明可以进行合并操作。

## 13.4　排序及整理表格内容

Dreamweaver CC 提供了导入表格式数据和表格排序的功能，使用这两个功能可以整理表格内的数据。

### 13.4.1　导入表格式数据

在 Dreamweaver 中，可以将其他应用软件制作完成后的表格数据导入到网页中。导入的数据要具有制表符、逗号、分号、引号或者其他定界符。具体操作步骤如下，所涉及的文件如表 13-1 所示。

表 13-1

| 原始文件 | 原始文件 /CH13/13.4.1/index.htm |
|---|---|
| 最终文件 | 最终文件 /CH13/13.4.1/index1.htm |

（1）打开素材文件"原始文件 /CH13/13.4.1/index.htm"，如图 13-20 所示。

（2）将光标放置在要导入表格式数据的位置，选择菜单中的【文件】|【导入】|【导入表格式数据】命令，弹出【导入表格式数据】对话框，如图 13-21 所示。

（3）在对话框中单击【数据文件】文本框右边的【浏览】按钮，打开【打开】对话框，如图 13-22 所示。

（4）在对话框中选择文件，单击【打开】按钮，在【定界符】下拉列表中选择【逗点】选项，【表格宽度】勾选【匹配内容】单选按钮，【单元格边距】设置为 2，【单元格间距】设置为 2，【边框】设置为 1，如图 13-23 所示。

【导入表格式数据】对话框参数如下。

图 13-20　打开素材文件

图 13-21　【导入表格式数据】对话框

图 13-22　【打开】对话框

图 13-23　【导入表格式数据】对话框

- 【数据文件】：输入要导入的数据文件的保存路径和文件名，或单击右边的【浏览】按钮进行选择。
- 【定界符】：选择定界符，使之与导入的数据文件格式匹配，有【Tab】、【逗点】、【分号】、【引号】和【其他】5 个选项。
- 【表格宽度】：设置导入表格的宽度，有以下两个选项。
- 【匹配内容】：勾选此单选按钮，创建一个根据最长文件进行调整的表格。
- 【设置为】：勾选此单选按钮，在后面的文本框中输入表格的宽度并选择其单位。
- 【单元格边距】：单元格内容和单元格边界之间的像素数。
- 【单元格间距】：相邻单元格间的像素数。
- 【格式化首行】：设置首行标题的格式。
- 【边框】：以像素为单位设置表格边框的宽度。

提示　在导入数据表格时注意，定界符必须是逗点，否则可能会造成表格格式的混乱。

（5）单击【确定】按钮，导入外部数据，在【属性】面板中将【Align】设置为【居中对齐】，效果如图 13-24 所示。

（6）保存文档，按 F12 键在浏览器中预览效果，如图 13-25 所示。

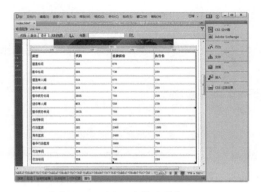

图 13-24　导入表格式数据　　　　　　　　图 13-25　预览效果

## 13.4.2　排序表格

如果想要使输入的表格数据有一定的规律性，就需要在 Dreamweaver 中对其排序，具体操作步骤如下，所涉及的文件如表 13-2 所示。

表 13-2

| 原始文件 | 原始文件 /CH13/13.4.2/index.htm |
| --- | --- |
| 最终文件 | 最终文件 /CH13/13.4.2/index1.htm |
| 学习要点 | 排序表格 |

（1）打开素材文件"原始文件 /CH13/13.4.2/index.htm"，如图 13-26 所示。

（2）选中表格，选择菜单中的【命令】|【排序表格】命令，弹出【排序表格】对话框，在对话框中【排序按】下拉列表中选择【列 3】,【顺序】下拉列表中选择【按数字顺序】选项，在后面的下拉列表中选择【降序】选项，如图 13-27 所示。

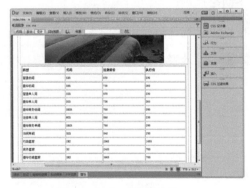

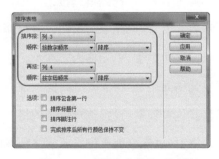

图 13-26　打开素材文件　　　　　　　　图 13-27　【排序表格】对话框

（3）单击【确定】按钮，排序表格，如图 13-28 所示。

（4）保存文档，按 F12 键在浏览器中预览效果，如图 13-29 所示。

○ 【排序按】：确定哪个列的值将用于对表格的行进行排序。

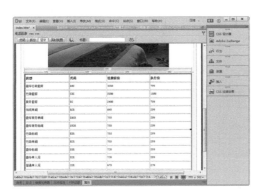

图 13-28　为表格排序　　　　　　图 13-29　预览效果

○ 【顺序】：确定是按字母还是按数字顺序，以及升序还是降序对列进行排序。

○ 【再按】：确定在不同列上第 2 种排列方法的排列顺序，在其后面的下拉列表中指定应用第 2 种排列方法的列，在【顺序】下拉列表中指定第 2 种排序方法的排序顺序。

○ 【排序包含第一行】：指定表格的第一行应该包括在排序中。

○ 【排序标题行】：指定使用与 <body> 行相同的条件对表格 <thead> 部分中的所有行进行排序。

○ 【排序脚注行】：指定使用与 <body> 行相同的条件对表格 <tfoot> 部分中的所有行进行排序。

○ 【完成排序后所有行颜色保持不变】：指定排序之后表格行属性应该与同一内容保持关联。

提示　　如果表格中含有合并或拆分的单元格，则表格无法使用排序功能。

## 13.5　实战

表格无疑是网页制作中最为重要的一个对象，因为通常网页都是依靠表格来排列数据的，它直接决定了网页是否美观、内容组织是否清晰，即合理地利用表格可以方便地美化页面。

### 实战 1——创建细线表格

本例将讲述制作细线表格的方法，它能网页更加美观精细。具体操作步骤如下，所涉及的文件如表 13-3 所示。

表 13-3

| 原始文件 | 原始文件 /CH13/ 实战 1/index.htm |
| --- | --- |
| 最终文件 | 最终文件 /CH13/ 实战 1/index1.htm |

（1）打开素材文件"原始文件 /CH13/ 实战 1/index.htm"，如图 13-30 所示。

（2）将光标置于要插入表格的位置，选择菜单中的【插入】|【表格】命令，弹出【表格】对话框，在对话框中将【行数】设置为 10，【列数】设置为 3，【表格宽度】设置为 90%，如图 13-31 所示。

图 13-30　打开素材文件　　　　　　　　　图 13-31　【表格】对话框

（3）单击【确定】按钮，插入表格，如图 13-32 所示。

（4）选中插入的表格，将【Cellpad】设置为 5，【CellSpace】设置为 1，【Align】设置为"居中对齐"，如图 13-33 所示。

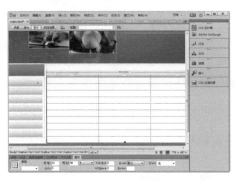 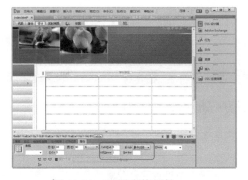

图 13-32　插入表格　　　　　　　　　　　图 13-33　设置表格属性

（5）单击文档窗口中的【代码】按钮，在表格代码中输入 bgcolor="#CCCCCC"，设置表格的背景颜色，如图 13-34 所示。

（6）返回设计视图，可以看到设置的表格背景颜色，如图 13-35 所示。

 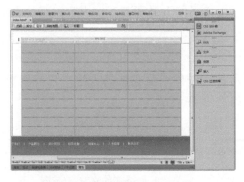

图 13-34　输入代码　　　　　　　　　　　图 13-35　设置表格的背景颜色

（7）选中所有单元格，在【属性】面板中将单元格的【背景颜色】设置为 #FFFFFF，如图 13-36 所示。

（8）将光标置于表格的单元格中，输入相应的文字，如图 13-37 所示。

图 13-36　设置单元格背景颜色

图 13-37　输入文字

（9）保存文档，按 F12 键在浏览器中预览，效果如图 13-38 所示。

图 13-38　预览效果

## 实战 2——利用表格排列数据

利用表格排列数据的具体操作步骤如下，所涉及的文件如表 13-4 所示。

表 13-4

| 原始文件 | 原始文件 /CH13/ 实战 2/index1.htm |
|---|---|
| 最终文件 | 最终文件 / 利用表格排列数据 |

（1）选择菜单中的【文件】|【新建】命令，弹出【新建文档】对话框，在对话框中选择【空白页】|【HTML】|【无】选项，如图 13-39 所示。

（2）单击【创建】按钮，创建空白文档，如图 13-40 所示。

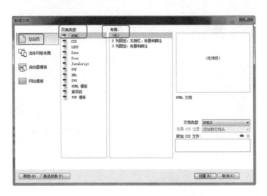

図 13-39　【新建文档】　　　　　　　　　図 13-40　创建文档

（3）选择菜单中的【文件】|【保存】命令，弹出【另存为】对话框，在对话框中的【文件名】文本框中输入名称，如图 13-41 所示。

（4）单击【保存】按钮，保存文档，将光标置于页面中，选择菜单中的【修改】|【页面属性】命令，弹出【页面属性】对话框，在对话框中将【上边距】、【下边距】、【左边距】、【右边距】分别设置为 0px，如图 13-42 所示。

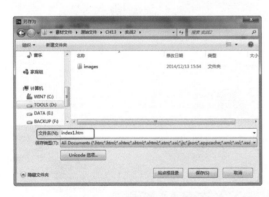

図 13-41　【另存为】对话框　　　　　　　図 13-42　【页面属性】对话框

（5）单击【确定】按钮，设置页面属性，将光标置于页面中，选择菜单中的【插入】|【表格】命令，弹出【表格】对话框，在对话框中，将【行数】设置为 4,【列】设置为 1,【表格宽度】设置为 1007 像素，如图 13-43 所示。

（6）单击【确定】按钮，插入表格，此表格记为表格 1，如图 13-44 所示。

（7）将光标置于表格 1 的第 1 行单元格中，选择菜单中的【插入】|【图像】|【图像】命令，弹出【选择图像源文件】对话框，在对话框中选择图像文件"top.jpg"，如图 13-45 所示。

（8）单击【确定】按钮，插入图像，如图 13-46 所示。

图 13-43 【表格】对话框

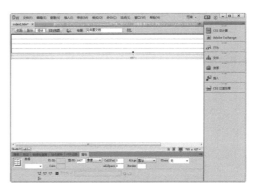

图 13-44 插入表格 1

图 13-45 【选择图像源文件】对话框

图 13-46 插入图像

（9）将光标置于表格 1 的第 2 行单元格中，选择菜单中的【插入】|【图像】|【图像】命令，插入图像"images/price.jpg"，如图 13-47 所示。

（10）将光标置于表格 1 的第 3 行单元格中，将单元格的【背景颜色】设置为"#F1E0C2"，如图 13-48 所示。

图 13-47 设置字体大小

图 13-48 设置背景颜色

（11）将光标置于表格 1 的第 3 行单元格中，选择菜单中的【插入】|【表格】命令，弹出【表格】对话框，在对话框中将【行数】设置为 8，【列】设置为 6，【表格宽度】设置为 96%，如图 13-49 所示。

（12）单击【确定】按钮，插入 8 行 6 列的表格，此表格记为表格 2，如图 13-50 所示。

| 图 13-49　【表格】对话框 | 图 13-50　插入表格 2 |
|---|---|

（13）选中插入的表格 2，打开属性面板，在面板中将【Cellpad】设置为 5，【CellSpace】设置为 0，【Align】设置为居中对齐，【Border】设置为 1，如图 13-51 所示。

（14）将光标置于表格的单元格中，分别输入相应的文字，如图 13-52 所示。

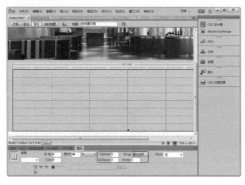

| 图 13-51　设置表格属性 | 图 13-52　输入文字 |
|---|---|

（15）将光标置于表格 1 的第 4 行单元格中，选择菜单中的【插入】|【图像】|【图像】命令，插入图像"images/d.jpg"，如图 13-53 所示。

（16）保存文档。按 F12 键在浏览器中预览效果，如图 13-54 所示。

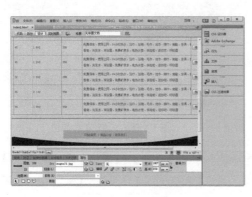

| 图 13-53　插入图像 | 图 13-54　预览效果 |
|---|---|

第14章

# 用 CSS+DIV 灵活布局页面

DSS+DIV 是网页设计标准中常用的页面布局方法。CSS 和 DIV 的结构被越来越多的人所采用，很多人都抛弃了表格而使用 VSS 来布局页面，它的好处有很多，可以使结构简洁，定位更灵活。CSS 布局的最终目的是搭建完善的页面架构。通常在 XHTML 网站设计标准中，不再使用表格定位技术，而是采用 CSS+DIV 的方式实现各种定位。

学习目标

- CSS 基本语法
- 链接到或导出外部 CSS 样式表
- 初识 DIV
- CSS 定位与 DIV 布局
- CSS+DIV 布局的常用方法
- 使用 CSS+DIV 布局的典型模式

## 14.1 CSS 基本语法

CSS 是层叠样式表（Cascading Style Sheets）的英文缩写，其语法结构仅由 3 部分组成，分别为选择符、样式属性和值，基本语法如下。

选择符 { 样式属性 : 取值 : 样式属性 : 取值 : 样式属性 : 取值 : ⋯⋯ }

选择符（Selector）指这组样式编码所要针对的对象，可以是一个 XHTML 标签，如 <body>，也可以是定义了特定 id 或 class 的标签，如 # main 选择符表示选择 <div id=main>，即一个被指定了 main 为 id 的对象。浏览器将对 CSS 选择符进行严格的解析，每一组样式均会被浏览器应用到对应的对象上。

属性（Property）是 CSS 样式控制的核心，对于每一个 XHTML 中的标签，CSS 都提供了丰富的样式属性，如颜色、大小、定位和浮动方式等。

值（Value）指的是属性的值，形式有两种，一种是指定范围的值，如 float 属性，它只可以应用到 left、right 和 none 这 3 种值中；另一种为数值，如 width 属性，它能够取值于 0 ～ 9999px，或通过其他数学单位来指定。

在实际应用中，往往使用以下类似的应用形式。

```
body {background-color :blue}
```

上述语句表示选择符为 body，即选择了页面中的 <body> 标签，属性为 background-color，这个属性用于控制对象的背景色，而值为"blue"。页面中的 body 对象的背景色通过使用这组 CSS 编码，被定义为蓝色。

## 14.2　链接或导出外部 CSS 样式表

链接外部样式表可以方便地管理整个网站中的网页风格，它让网页的文字内容与版面设计分开，只要在一个 CSS 文档中定义好网页的外观风格，所有链接到此 CSS 文档的网页，便会按照定义好的风格显示网页。

### 14.2.1　创建内部样式表

内部样式表只包含在当前操作的网页文档中，并只应用于相应的网页文档，因此，在制作背景网页的过程中，可以随时创建内部样式表。创建 CSS 内部样式表的具体操作步骤如下。

（1）在文档中选择应用样式的文本，单击鼠标右键，在弹出的菜单中选择【CSS 样式】|【新建】命令，弹出【新建 CSS 规则】对话框，如图 14-1 所示。

在【新建 CSS 规则】对话框中可以设置以下参数。

● 【选择器名称】：用来设置新建的样式表的名称。

● 【选择器类型】：用来定义样式类型，并将其运用到特定的部分。如果选择【类】选项，则需要在【选择器名称】下拉列表中输入自定义样式的名称，其名称可以是字母和数字的组合，如果没有输入符号".", Dreamweaver 会自动输入；如果选择【标签】选项，则需要在【标签】下拉列表中选择一个 HTML 标签，也可以直接在【选择器名称】下拉列表框中输入这个标签，如

图 14-1　【新建 CSS 规则】对话框

图 14-2 所示；如果选择【高级】选项，则需要在【选择器名称】下拉列表中选择一个选择器的类型，也可以在【选择器】下拉列表框中输入一个选择器类型；如果在【选择器类型】下拉列表中选择【复合内容】选项，则要在【选择器名称】下拉列表中选择一种选择器名称，也可直接输入该名称，如图 14-3 所示。

● 【规则定义】：用来设置新建的 CSS 语句的位置。CSS 样式按照使用方法可以分为内部样式和外部样式。如果想把 CSS 语句新建在网页内部，可以选择【仅限该文档】单选按钮。

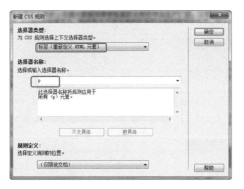 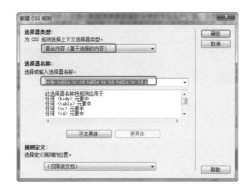

图 14-2 在【选择器类型】中选择【标签】选项　图 14-3 在【选择器类型】中选择【复合内容】

（2）在【选择器类型】下拉列表中选择【类】选项，然后在【选择器名称】中输入".st"。因为创建的是 CSS 样式内部样式表，所以在【规则定义】下拉列表中选择【仅限该文档】选项，如图 14-4 所示。

（3）单击【确定】按钮，弹出【.st 的 CSS 规则定义】对话框，在对话框中将【Font-family】设置为宋体，【Font-size】设置为 12 像素，【Line-height】设置为 200%，【Color】设置为 #F00，如图 14-5 所示。

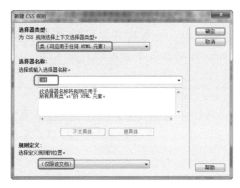

图 14-4 选择【类】选项并输入选择器名称　　图 14-5 【.st 的 CSS 规则定义】对话框

（4）单击【确定】按钮，在【CSS 设计器】面板中可以看到新建的样式表和属性，如图 14-6 所示。

【CSS 设计器】面板由以下窗格组成。

- 【源】：列出与文档相关的所有 CSS 样式表。使用此窗格，可以创建 CCS 并将其附加到文档，也可以定义文档中的样式。

- 【@ 媒体】：在【源】窗格中列出的所选源中的全部媒体查询。如果不选择特定 CSS，则此窗格将显示与文档关联的所有媒体查询。

- 【选择器】：在【源】窗格中列出的所选源中的全部选择器。如果同时还选择了一个媒体查询，则此窗格会根据该媒体查询缩小选择器列表范围。如果没有选择 CSS 或媒体查询，则此窗格将显示文档中的所有选择器。在【@ 媒体】窗格中选择【全局】后，将显示对所选源的媒体查询中不包括的所有选择器。

- 【属性】：显示可为指定的选择器设置的属性。

图 14-6　新建的内部样式表

## 14.2.2　创建外部样式表

外部样式表是一个独立的样式表文件，保存在本地站点中。外部样式表不仅可以应用在当前的文档中，还可以根据需要应用在其他的网页文档，甚至是整个站点中。

创建外部 CSS 样式表的具体操作步骤如下。

（1）选择菜单中的【窗口】|【CSS 设计器】命令，打开【CSS 设计器】面板。在【CSS 设计器】面板中单击【添加 CSS 源】 ➕ 按钮，在弹出的下拉菜单中选择【创建新的 CSS 样式】选项，如图 14-7 所示。

（2）弹出【创建新的 CSS 文件】对话框，在该对话框中单击【文件 /URL】文本框右边的【浏览】按钮，如图 14-8 所示。

图 14-7　选择【创建新的 CSS 样式】选项　　　图 14-8　【创建新的 CSS 文件】对话框

（3）弹出【将样式表文件另存为】对话框，在【文件名】文本框中输入样式表文件的名称，并在【相对于】下拉列表中选择【文档】选项，如图 14-9 所示。

（4）单击【保存】按钮，弹出【创建新的 CSS 文件】对话框，将 CSS 样式添加到【文件 / URL】文本框中，如图 14-10 所示。

图 14-9 【将样式表文件另存为】对话框　　图 14-10 【创建新的 CSS 文件】对话框

（5）单击【确定】按钮，在文档窗口中可以看到新建的外部样式表文件，如图 14-11 所示。

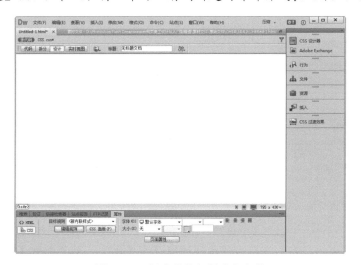

图 14-11 新建的外部样式表文件

## 14.2.3 链接外部样式表

编辑外部 CSS 样式表时，链接到该 CSS 样式表的所有文档都将会进行更新，以反映所做的修改。用户可以导出文档中包含的 CSS 样式以创建新的 CSS 样式表，然后附加或链接到外部样式表以应用那里所包含的样式。具体的操作步骤如下，所涉及的文件如表 14-1 所示。

表 14-1

| 原始文件 | 原始文件 /CH14/14.2.3/index.htm |
| --- | --- |
| 最终文件 | 最终文件 /CH14/14.2.3/index1.htm |

（1）打开素材文件"原始文件 /CH14/14.2.3/index.htm"，如图 14-12 所示。

（2）选择菜单中的【窗口】|【CSS设计器】命令，打开【CSS设计器】面板，在面板中单击【添加CSS源】按钮，在弹出的快捷菜单中选择【附加现有的CSS文件】命令，如图14-13所示。

图 14-12　打开素材文件　　　　　　　图 14-13　选择【附加现有的 CSS 文件】命令

（3）弹出【使用现有的CSS文件】对话框，在该对话框中单击【文件/URL】文本框右侧的【浏览】按钮，如图14-14所示。

（4）弹出【选择样式表文件】对话框，在对话框中选择"images"文件夹中的"CSS.css"文件，如图14-15所示。

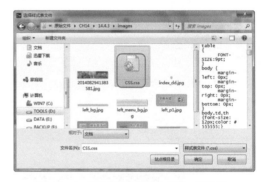

图 14-14　【使用现有的 CSS 文件】对话框　　　　图 14-15　【选择样式表文件】对话框

（5）单击【确定】按钮，将文件添加到对话框中，在【添加为】栏选中【链接】单选项，如图14-16所示。

（6）单击【确定】按钮，链接外部样式表，如图14-17所示。

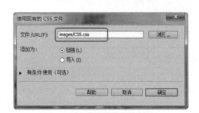

图 14-16　添加文件　　　　　　　　　图 14-17　链接外部样式表

（7）保存网页，按 F12 键在浏览器中预览，如图 14-18 所示。

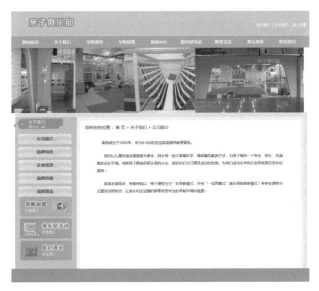

图 14-18  链接外部样式表的效果

## 14.3  初识 DIV

在 CSS 布局的网页中，<Div> 与 <Span> 都是常用的标记。利用这两个标记，加上 CSS 对样式的控制，网页设计者可以很方便地实现网页的布局。

### 14.3.1  DIV 概述

过去最常用的网页布局工具是 <table> 标签。它本是用来创建电子数据表的，而不是用于布局，因此设计师们不得不经常以各种不寻常的方式来使用这个标签——如把一个表格放在另一个表格的单元里面。这种方法的工作量很大，增加了大量额外的 HTML 代码，并增加了后期修改设计的难度。

而 CSS 的出现使得网页布局有了新的曙光。利用 CSS 属性，可以精确地设定元素的位置，还能将定位的元素叠放在彼此之上。当使用 CSS 布局时，主要是把它用在 DIV 标签上。<div> 与 </div> 之间相当于一个容器，可以放置段落、表格和图片等各种 HTML 元素。

DIV 用来为 HTML 文档内大块的内容提供结构和背景的元素。DIV 的起始标签和结束标签之间的所有内容都是用来构成这个块的，其中所包含元素的特性由 DIV 中标签的属性或通过使用 CSS 来控制。

### 14.3.2  CSS+DIV 布局的优势

掌握基于 CSS 的网页布局方式，是实现 Web 标准的基础。在主页制作时采用 CSS 技术，可以有效地对页面的布局、字体、颜色、背景和其他效果实现更加精确的控制。只要对相应的代码做一些简单的修改，就可以改变网页的外观和格式。采用 CSS 布局有以下优点。

- 大大缩减页面代码，提高页面浏览速度，缩减带宽成本。

- 结构清晰，容易被搜索引擎搜索到。

- 缩短改版时间，只要简单地修改几个 CSS 文件就可以重新设计一个拥有成百上千页面的站点。

- 强大的字体控制和排版能力。

- CSS 非常容易编写，可以像写 HTML 代码一样轻松编写 CSS。

- 提高易用性，使用 CSS 可以结构化 HTML，如 <p> 标记只用来控制段落，<heading> 标记只用来控制标题，<table> 标记只用来表现格式化的数据等。

- 表现和内容相分离，将设计部分分离出来放在一个独立样式文件中。

- 更方便搜索引擎的搜索，用只包含结构化内容的 HTML 代替嵌套的标记，搜索引擎将更有效地搜索到内容。

- table 布局灵活性不大，只能遵循 <table>、<tr>、<td> 的格式，而 DIV 可以有各种格式。

- 在 table 布局中，会有很多垃圾代码，一些修饰的样式及布局的代码混合在一起，很不直观。而 DIV 更能体现样式和结构的分离，结构的重构性强。

- 在几乎所有的浏览器上都可以使用。

- 以前一些必须通过图片转换实现的功能，现在只要用 CSS 就可以轻松实现，从而更快地下载页面。

- 使页面的字体变得更漂亮、更容易编排，使页面真正赏心悦目。

- 可以轻松地控制页面的布局。

- 可以将许多网页的风格格式同时更新，而不用再一页一页地修改了。可以将站点上所有的网页风格都使用一个 CSS 文件进行控制，只要修改这个 CSS 文件中相应的行，那么整个站点的所有页面都会随之发生变动。

## 14.4　CSS 定位与 DIV 布局

CSS 对元素的定位包括相对定位和绝对定位，同时，还可以把相对定位和绝对定位结合起来，形成混合定位。

### 14.4.1　盒子模型

如果想熟练掌握 DIV 和 CSS 的布局方法，首先要对盒子模型有足够的了解。盒子模型是 CSS 布局网页时非常重要的概念，只有很好地掌握了盒子模型以及其中每个元素的使用方法，才能熟练地布局网页中各个元素。

所有页面中的元素都可以看作一个装了东西的盒子，盒子里面的内容到盒子的边框之间的距离即填充（padding），盒子本身有边框（border），而盒子边框外和其他盒子之间，还有边界（margin）。

一个盒子由 4 个独立部分组成，如图 14-19 所示，最外面的是边界（margin）；第二部分是边框（border），边框可以有不同的样式；第三部分是填充（padding），填充用来定义内容区域与边框（border）之间的空白；第四部分是内容区域（content）。

图 14-19　盒子模型图

填充、边框和边界都分为【上、右、下、左】4 个方向，既可以分别定义，也可以统一定义。当使用 CSS 定义盒子的 width 和 height 时，定义的并不是内容区域、填充、边框和边界所占的总区域，而是内容区域 content 的 width 和 height。因此，计算盒子所占的实际区域必须加上 padding、border 和 margin。

实际宽度 = 左边界 + 左边框 + 左填充 + 内容宽度（width）+ 右填充 + 右边框 + 右边界

实际高度 = 上边界 + 上边框 + 上填充 + 内容高度（height）+ 下填充 + 下边框 + 下边界

## 14.4.2　元素的定位

【float】属性定义元素在哪个方向浮动。以往这个属性应用于图像，使文本围绕在图像周围，不过在 CSS 中，【float】可以定义任何元素的浮动方向。浮动元素会生成一个块级框，而不论它本身是何种元素。【float】是相对定位的，会随着浏览器的大小和分辨率的变化而改变。

常常通过对 DIV 元素应用【float】浮动属性来进行定位，语法如下。

```
float:none|left|right
```

其中，none 是默认值，表示对象不浮动；left 表示对象浮在左边；right 表示对象浮在右边。

CSS 允许任何元素浮动，不论是图像、段落还是列表。无论先前元素是什么状态，浮动后都成为块级元素。浮动元素的宽度默认为 auto。

图 14-20　没有设置 float 属性

如果【float】取值为 none 或没有设置【float】，则不会发生任何浮动，块元素独占一行，紧随其后的块元素将在新行中显示，其代码如下所示。在浏览器中浏览如图 14-20 所示的网页时，可以看到没有设置 DIV 的【float】属性。此时，每个 DIV 都单独占一行，两个 DIV 分两行显示。

```
<html xmlns="http://www.w3.org/1999/xhtml">
<head>
<meta http-equiv="Content-Type" content="text/html; charset=gb2312" />
```

```
<title> 没有设置 float 时 </title>
<style type="text/css">
    #content_a {width:250px; height:100px; border:3px solid #000000; margin:20px;
background: #F90;}
    #content_b {width:250px; height:100px; border:3px solid #000000; margin:20px;
background: #6C6;}
</style>
</head>
<body>
    <div id="content_a"> 这是第一个 DIV</div>
    <div id="content_b"> 这是第二个 DIV</div>
</body>
</html>
```

下面修改一下代码，使用 float:left 对 content_a 应用向左的浮动，而 float:right 对 content_b 应用向右的浮动，其代码如下所示。在浏览器中浏览效果如图 14-21 所示，可以看到对 content_a 应用向左的浮动后，content_a 向左浮动，content_b 在水平方向紧跟在它的后面，两个 DIV 占一行，在一行上并列显示。

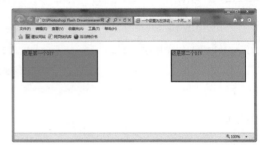

图 14-21　设置 float 属性，使两个 DIV 并列显示

```
<!DOCTYPE html PUBLIC" -//W3C//DTD XHTML 1.0 Transitional//EN""
 http://www.w3.org/TR/xhtml1/
DTD/xhtml1-transitional.dtd">
<html xmlns="http://www.w3.org/1999/xhtml">
<head>
<meta http-equiv="Content-Type" content="text/html; charset=gb2312" />
<title> 一个设置为左浮动，一个设置右浮动 </title>
<style type="text/css">
    #content_a {width:250px; height:100px; float:left; border:3px solid #000000;
    margin:20px; background: #F90;}
    #content_b {width:250px; height:100px; float:right;border:3px solid #000000;
margin:20px; background:
#6C6;} </style>
</head>
<body>
<div id="content_a"> 这是第一个 DIV</div>
<div id="content_b"> 这是第二个 DIV</div>
</body>
</html>
```

### 14.4.3　position 定位

position 的原意为位置、状态、安置。在 CSS 布局中，【position】属性非常重要，很多特殊容器的定位必须用【position】来完成。【position】属性有 4 个值，分别是 static、absolute、fixed、relative，其中，static 是默认值，代表无定位。

定位（position）允许用户精确定义元素框出现的相对位置，可以相对于它通常出现的位置、相对于其上级元素、相对于另一个元素，或者相对于浏览器视窗本身。每个显示元素都可以用定位的方法来描述，而其位置是由此元素的包含块来决定的，语法如下。

```
Position :static | absolute | fixed | relative
```

其中，static 表示默认值，无特殊定位，对象遵循 HTML 定位规则；absolute 表示采用绝对定位，需要同时使用 left、right、top 和 bottom 等属性进行绝对定位；层叠通过 z-index 属性定义，此时对象不具有边框，但仍有填充和边框；fixed 表示当页面滚动时，元素保持在浏览器视区内，其行为类似 absolute；relative 表示采用相对定位，对象不可层叠，但将依据 left、right、top 和 bottom 等属性设置其在页面中的偏移位置。

## 14.5　CSS+DIV 布局的常用方法

无论使用表格还是 CSS，网页布局都把大块的内容放进网页的不同区域里面。有了 CSS，最常用来组织内容的元素就是 <div> 标签。CSS 排版是一种很新的排版理念，首先要将页面使用 <div> 整体划分为几个板块，然后对各个板块进行 CSS 定位，最后在各个板块中添加相应的内容。

### 14.5.1　使用 DIV 对页面整体规划

在利用 CSS 布局页面时，首先要有一个整体的规划，包括整个页面分成哪些模块、各个模块之间的父子关系等。以最简单的框架为例，页面由横幅广告（banner）、主体内容（content）、菜单导航（links）和脚注（footer）几个部分组成，各个部分分别用自己的 id 来标识，如图 14-22 所示。

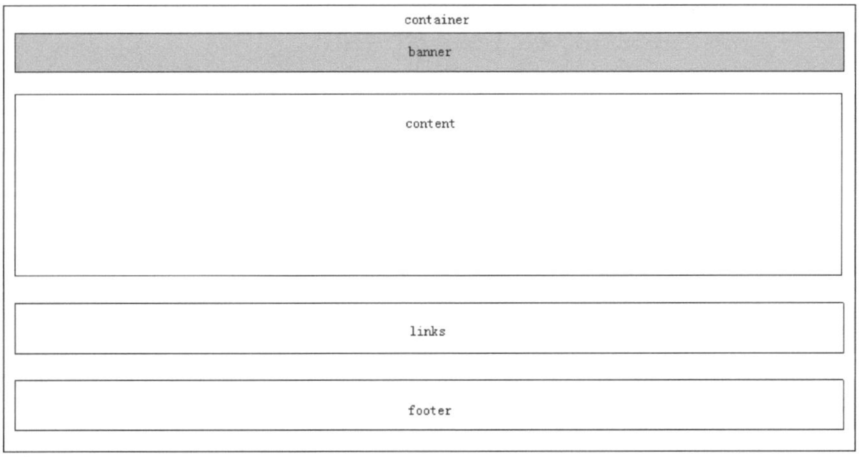

图 14-22　页面内容框架

页面中的 HTML 框架代码如下所示。

```
<div id="container">container
  <div id="banner">banner</div>
    <div id="content">content</div>
    <div id="links">links</div>
  <div id="footer">footer</div>
</div>
```

实例中每个板块都是一个 `<div>`，这里直接使用 CSS 中的 id 来表示各个板块，页面的所有 DIV 块都属于 container，一般的 DIV 排版都会在最外面加上这个父 DIV，便于对页面的整体进行调整。对于每个 DIV 块，还可以再加入各种元素或行内元素。

## 14.5.2　设计各块的位置

当页面的内容已经确定后，则需要根据内容本身考虑整体的页面布局类型，如是单栏、双栏还是三栏等，这里采用的布局如图 14-23 所示。

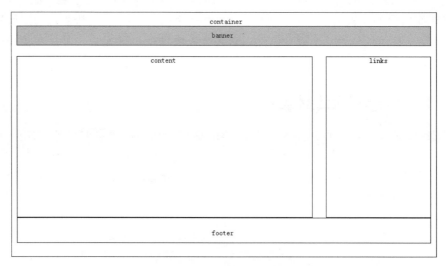

图 14-23　简单的页面框架

由图 14-23 可以看出，在页面外部有一个整体的框架 container；banner 位于页面整体框架中的最上方；content 与 links 位于页面的中部，其中，content 占据着页面的绝大部分；最下面是页面的脚注 footer。

## 14.5.3　使用 CSS 定位

整理好页面的框架后，就可以利用 CSS 对各个板块进行定位，实现对页面的整体规划，然后再往各个板块中添加内容。

下面首先对 `<body>` 标签与 container 父块进行设置，CSS 代码如下所示。

```
body {
   margin:10px;
```

```
    text-align:center;
}
#container{
    width:900px;
    border:2px solid #000000;
    padding:10px;
}
```

上面的代码设置了页面的边界、页面文本的对齐方式，且将父块的宽度设置为900px。下面来设置 banner 板块，其 CSS 代码如下所示。

```
#banner{
    margin-bottom:5px;
    padding:10px;
    background-color:#a2d9ff;
    border:2px solid #000000;
    text-align:center;
}
```

这里设置了 banner 板块的边界、填充、背景颜色等。

下面利用【float】属性将 content 移动到左侧、links 移动到页面右侧。这里分别设置了这两个板块的宽度和高度，读者可以根据需要自己作相应调整。

```
#content{
    float:left;
    width:600px;
    height:300px;
    border:2px solid #000000;
    text-align:center;
}
#links{
    float:right;
    width:290px;
    height:300px;
    border:2px solid #000000;
    text-align:center;
}
```

由于 content 和 links 对象都设置了浮动属性，因此 footer 需要设置【clear】属性，使其不受浮动的影响，代码如下所示。

```
#footer{
    clear:both;  /* 不受 float 影响 */
    padding:10px;
    border:2px solid #000000;
    text-align:center;
}
```

这样，页面的整体框架便搭建好了。这里需要指出的是，content 块中不能放置宽度过长的元素，如很长的图片或不换行的英文等，否则，links 将再次被挤到 content 下方。

特别的，如果后期维护时希望 content 的位置与 links 对调，则仅仅只需要将 content 和 links 属性中的 left 和 right 改变。这是传统的排版方式所不可能简单实现的，也正是 CSS 排版的魅力之一。另外需要注意的是，如果 links 的内容比 content 的长，在 Internet Explorer 浏览器上 footer 就会贴在 content 下方而与 links 出现重合。

## 14.6　使用 CSS+DIV 布局的典型模式

现在一些比较知名的网页设计大多都采用 DIV+CSS 来排版布局，因为 DIV+CSS 可以使 HTML 代码更整齐，更容易使人理解，而且在浏览时的速度也比传统的布局方式快，最重要的是它的可控性要比表格强得多。下面介绍常见的布局类型。

### 14.6.1　一列固定宽度

一列式布局是所有布局的基础，也是最简单的布局形式。一列固定宽度中，宽度的属性值是固定像素。下面举例说明一列固定宽度的布局方法，具体步骤如下。

（1）在 HTML 文档的 <head> 与 </head> 之间相应的位置输入定义的 CSS 样式代码，如下所示。

```
<style>
#Layer{
    background-color:#00cc33;
    border:3px solid #ff3399;
    width:500px;
    height:350px;
}
</style>
```

提示　使用 background-color:#00cc33; 将 DIV 设定为绿色背景，并使用 border:3 solid #ff3399; 将 DIV 设置了粉红色的 3px 宽度的边框；使用 width:500px; 设置宽度为 500 像素固定宽度，使用 height:350px; 设置高度为 350 像素。

（2）然后在 HTML 文档的 <body> 与 </body> 之间的正文中输入以下代码，给 <div> 使用了 layer 作为 id 名称。

```
<div id="Layer">1 列固定宽度</div>
```

（3）在浏览器中浏览，由于是固定宽度，因此无论怎样改变浏览器窗口大小，DIV 的宽度都不改变，如图 14-24 所示。

### 14.6.2　一列自适应

自适应布局是网页设计中常见的一种布局形式。自

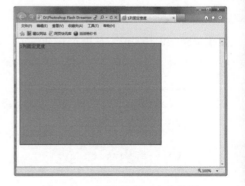

图 14-24　浏览器窗口变小效果

适应的布局能够根据浏览器窗口的大小，自动改变其宽度或高度值，是一种非常灵活的布局形式。良好的自适应布局网站对不同分辨率的显示器都能呈现最好的显示效果。自适应布局需要将宽度由固定值改为百分比。

下面是一列自适应布局的 CSS 代码。

```
<style>
#Layer{
    background-color:#00cc33;
    border:3px solid #ff3399;
    width:60%;
    height:60%;
}
</style>
<body>
<div id="Layer">1 列自适应 </div>
</body>
</html>
```

图 14-25　一列自适应布局

这里将宽度和高度值都设置为 60%，从浏览效果中可以看到，DIV 的宽度已经变为浏览器宽度 60% 的值，当扩大或缩小浏览器窗口大小时，其宽度和高度还将维持在与浏览器当前宽度比例的 60%，如图 14-25 所示。

### 14.6.3　两列固定宽度

两列固定宽度设置非常简单，其需要用到两个 DIV，分别将两个 DIV 的 id 设置为 left 与 right，表示两个 DIV 的名称。首先为它们制定宽度，然后让两个 DIV 在水平线中并排显示，从而形成两列式布局，具体步骤如下。

（1）在 HTML 文档的 <head> 与 </head> 之间相应的位置输入定义的 CSS 样式代码，如下所示。

```
<style>
#left{
    background-color:#00cc33;
    border:1px solid #ff3399;
    width:250px;
    height:250px;
    float:left;
    }
#right{
    background-color:#ffcc33;
    border:1px solid #ff3399;
    width:250px;
    height:250px;
    float:left;
}
</style>
```

提示

left 与 right 两个 DIV 的代码与前面类似，两个 DIV 使用相同宽度实现两列式布局。【float】属性是 CSS 布局中非常重要的属性，用于控制对象的浮动布局方式，大部分 DIV 布局基本上都通过 float 的控制来实现的。

（2）然后在 HTML 文档的 \<body\> 与 \</body\> 之间的正文中输入以下代码，给 DIV 使用 left 和 right 作为 id 名称。

```
<div id="left"> 左列 </div>
<div id="right"> 右列 </div>
```

（3）在浏览器中浏览效果，如图 14-26 所示的是两列固定宽度布局。

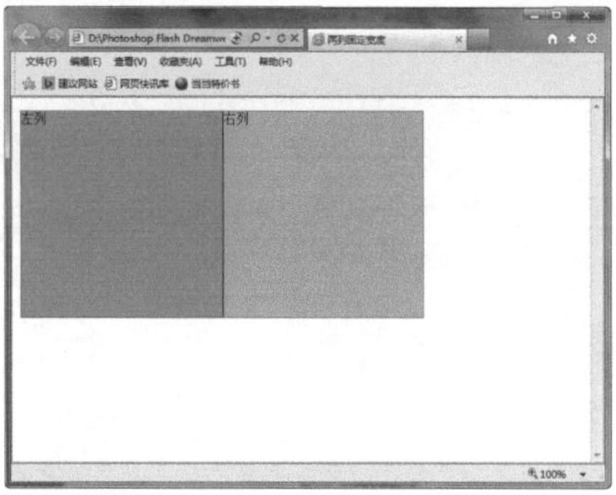

## 14.6.4　两列宽度自适应

下面使用两列宽度自适应性，以实现左右列宽度能够做到自动适应。自适应主要通过宽度的百分比值设置，CSS 代码修改为如下。

图 14-26　两列固定宽度布局

```
<style>
#left{
    background-color:#00cc33;
    border:1px solid #ff3399;
    width:60%;
    height:250px;
    float:left;
    }
#right{
    background-color:#ffcc33;
    border:1px solid #ff3399;
    width:30%;
    height:250px;
    float:left;
}
</style>
```

这里主要修改左列宽度为 60%，右列宽度为 30%。在浏览器中浏览效果如图 14-27 和图 14-28 所示，无论怎样改变浏览器窗口大小，左右两列的宽度与浏览器窗口的百分比都不改变。

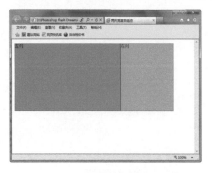

图 14-27　浏览器窗口变小效果

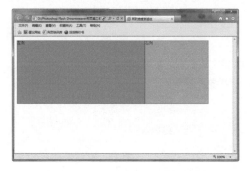

图 14-28　浏览器窗口变大效果

### 14.6.5 两列右列宽度自适应

在实际应用中，有时候需要左列固定宽度，右列根据浏览器窗口大小自动适应。这时，在 CSS 中只要设置左列的宽度即可，如上例中左右列都采用百分比实现了宽度自适应，这里只需将左列宽度设定为固定值，右列不设置任何宽度值，并且右列不浮动，CSS 样式代码如下。

```
<style>
#left{
    background-color:#00cc33;
    border:1px solid #ff3399;
    width:200px;
    height:250px;
    float:left;
    }
#right{
    background-color:#ffcc33;
    border:1px solid #ff3399;
    height:250px;
}
</style>
```

这样，左列将呈现 200px 的宽度，而右列将根据浏览器窗口大小自动适应，如图 14-29 和图 14-30 所示。

图 14-29 右列宽度

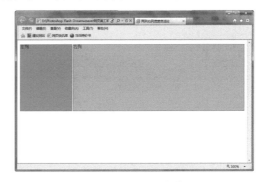

图 14-30 右列宽度

### 14.6.6 三列浮动中间宽度自适应

使用浮动定位方式，从一列到多列的固定宽度及自适应，都可以简单完成。而在这里有一个新的要求，希望有一个三列式布局，其中左列要求固定宽度并居左显示，右列要求固定宽度并居右显示，而中间列需要在左列和右列的中间，根据左右列的间距变化自动适应。

在开始这样的三列布局之前，有必要了解一个新的定位方式——绝对定位。前面的浮动定位方式主要由浏览器根据对象的内容自动进行浮动方向的调整，但是当这种方式不能满足定位需求时，就需要新的方法来实现。CSS 提供的除去浮动定位之外的另一种定位方式就是绝对定位。绝对定位使用 position 属性来实现。

下面讲述三列浮动中间宽度自适应布局的创建，具体操作步骤如下。

（1）在 HTML 文档的 &lt;head&gt; 与 &lt;/head&gt; 之间相应的位置输入定义的 CSS 样式代码，如下所示。

```
<style>
body{
    margin:0px;
}
#left{
    background-color:#00cc00;
    border:2px solid #333333;
    width:100px;
    height:250px;
    position:absolute;
    top:0px;
    left:0px;
}
#center{
    background-color:#ccffcc;
    border:2px solid #333333;
    height:250px;
    margin-left:100px;
    margin-right:100px;
}
#right{
    background-color:#00cc00;
    border:2px solid #333333;
    width:100px;
    height:250px;
    position:absolute;
    right:0px;
    top:0px;
}
</style>
```

（2）然后在 HTML 文档的 <body> 与 </body> 之间的正文中输入以下代码，给 3 个 DIV 分别使用了 left、right 和 center 作为 id 名称。

```
<div id="left">左列 </div>
<div id="center">右列 </div>
<div id="right">右列 </div>
```

（3）在浏览器中浏览，如图 14-31 所示，随着浏览器窗口的改变，中间宽度是变化的，如图 14-32 所示。

图 14-31　中间宽度自适应

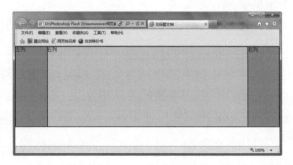

图 14-32　改变中间宽度

# 第15章

# 使用模板和库提高网页制作效率

通过一一修改各个页面达到统一站点风格或让站点中多个页面包含相同内容的目的，这种操作未免过于麻烦。为了提高网站的制作效率，Dreamweaver 提供了模板和库，可以使整个网站的页面设计风格一致，以方便网站维护。这时，只要改变模板，就能自动更改所有基于这个模板创建的网页。

**学习目标**

☐ 创建模板

☐ 模板的应用

☐ 创建和应用库

## 15.1 创建模板

在 Dreamweaver 中，可以将现有的 HTML 文档保存为模板，然后根据需要加以修改，或创建一个空白模板，在其中输入需要的文档内容。模板实际上也是文档，其扩展名为 .dwt，存放在根目录的模板文件夹中。

### 15.1.1 直接创建模板

直接创建模板的具体操作步骤如下。

（1）选择菜单中的【文件】|【新建】命令，弹出【新建文档】对话框，在对话框中选择【空白页】|【HTML 模板】|【无】选项，如图 15-1 所示。

（2）单击【创建】按钮，即可创建模板网页，如图 15-2 所示。

---

**提示** 不能将 Templates 文件移到本地根文件夹之外，否则将在模板的路径中发生错误。此外，也不要将模板移动到 Templates 文件夹之外或者将任何非模板文件放在 Templates 文件夹中。

---

（3）选择菜单中的【文件】|【保存】命令，弹出【Dreamweaver】提示框，如图 15-3 所示。

（4）单击【确定】按钮，弹出【另存模板】对话框，在对话框中的【另存为】文本框中输入名称，如图 15-4 所示。

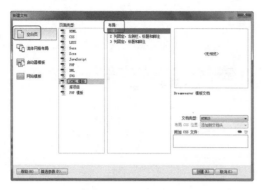

图 15-1　【新建文档】对话框　　　　　图 15-2　创建模板网页

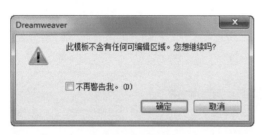

图 15-3　提示框　　　　　　　图 15-4　【另存模板】对话框

（5）单击【保存】按钮，保存模板文件，如图 15-5 所示。

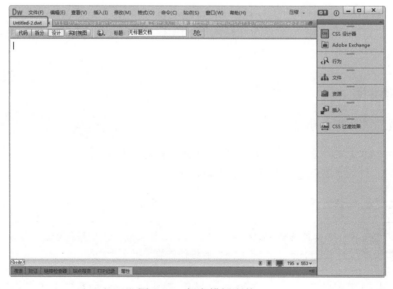

图 15-5　保存模板文件

## 15.1.2 从现有文档创建模板

从现有文档创建模板的具体操作步骤如下，所涉及的文件如表 15-1 所示。

表 15-1

| 原始文件 | 原始文件 / CH15/15.1.2/index.htm |
|---|---|
| 最终文件 | 最终文件 / CH15/15.1.2/imoban.dwt |

（1）打开素材文件"原始文件 /CH15/15.1.2/index.htm"，如图 15-6 所示。

（2）选择菜单中的【文件】|【另存为模板】命令，打开【另存模板】对话框，在对话框中的【站点】下拉列表中选择保存模板的站点，在【另存为】文本框中输入"moban"，如图 15-7 所示。

图 15-6 打开素材文件　　　　图 15-7 【另存模板】对话框

（3）单击【保存】按钮，弹出【Dreamweaver】提示框，如图 15-8 所示。

（4）单击【是】按钮，即可将文档另存为模板，如图 15-9 所示。

图 15-8 Dreamweaver 提示框　　　　图 15-9 另存为模板

**提示** 在保存模板时，如果模板中没有定义可编辑区域，系统将显示警告信息。

## 15.1.3 创建可编辑区域

在模板中，可编辑区域是页面的一部分。对于基于模板的页面，能够改变可编辑区域中的内容。默认情况下，新创建的模板的所有区域都处于锁定状态，因此，要使用模板，必须将模板中的某些区域设置为可编辑区域。

创建可编辑区域的具体操作步骤如下。

（1）打开上节创建的模板网页，如图 15-10 所示。

（2）将光标放置在要插入可编辑区域的位置，选择菜单中的【插入】|【模板对象】|【可编辑区域】命令，弹出【新建可编辑区域】对话框，在对话框中的【名称】文本框中输入名称，如图 15-11 所示。

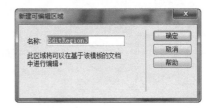

图 15-10　打开模板网页　　　　　　　　　图 15-11　【新建可编辑区域】对话框

（3）单击【确定】按钮，插入可编辑区域，如图 15-12 所示。

**提示**　在【模板】插入栏中选择可编辑区域 按钮，打开【新建可编辑区域】对话框，也可插入可编辑区域。

图 15-12　插入可编辑区域

**提示**　在给可编辑区域命名时，可以使用的符号有单引号、双引号、尖括号和&。

## 15.2　模板的应用

模板创建好之后，就可以应用模板快速、高效地设计风格一致的网页了。可以使用模板创建新的文档，也可以将模板应用于已有的文档。如果对模板不满意，还可以对其进行修改。

## 15.2.1 应用模板创建网页

模板最强大的用途之一在于可一次性更新多个页面。从模板创建的文档与该模板保持链接状态，可以通过修改模板来更新基于该模板的所有文档中的设计。使用模板可以快速创建大量风格一致的网页，具体操作步骤如下，所涉及的文件如表 15-2 所示。

表 15-2

| 原始文件 | 原始文件 /CH15/15.2.1/moban.dwt |
| --- | --- |
| 最终文件 | 最终文件 /CH15/15.2.1/index1.htm |

（1）选择菜单中的【文件】|【新建】命令，打开【新建文档】对话框，在对话框中选择【网站模板】|【15.2.1】|【站点"15.2.1"的模板 :】|【moban】选项，如图 15-13 所示。

（2）单击【创建】按钮，创建模板网页，如图 15-14 所示。

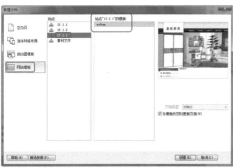

图 15-13 【新建文档】对话框          图 15-14 创建模板网页

（3）选择菜单中的【文件】|【保存】命令，弹出【另存为】对话框，在对话框中的【文件名】文本框中输入"index1.htm"，如图 15-15 所示。

（4）单击【保存】按钮，保存文档，将光标放置在可编辑区域中，选择菜单中的【插入】|【表格】命令，弹出【表格】对话框，在对话框中将【行数】设置为 2,【列】设置为 1,【表格宽度】设置为 100%，如图 15-16 所示。

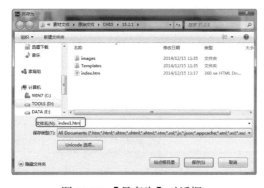

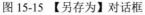

图 15-15 【另存为】对话框          图 15-16 【表格】对话框

（5）单击【确定】按钮，插入 2 行 1 列的表格，如图 15-17 所示。

（6）将光标置于表格的第 1 行单元格中，选择菜单中的【插入】|【图像】命令，弹出【选

择图像源文件】对话框，在对话框中选择图像文件"images/guany.jpg"，如图 15-18 所示。

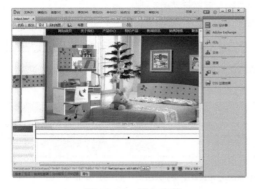

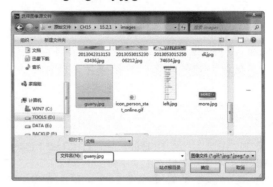

图 15-17　插入表格　　　　　　　　图 15-18　【选择图像源文件】对话框

（7）单击【确定】按钮，插入图像，如图 15-19 所示。

（8）将光标放置在第 2 行单元格中，选择菜单中的【插入】|【表格】命令，插入 1 行 1 列的表格，如图 15-20 所示。

图 15-19　插入图像　　　　　　　　　图 15-20　插入表格

（9）将光标置于刚插入的单元格中，输入相应的文字，将【大小】设置为 12 像素，【文本颜色】设置为 #000000，如图 15-21 所示。

（10）将光标置于文字中，选择菜单中的【插入】|【图像】|【图像】命令，插入图像，如图 15-22 所示。

图 15-21　输入文字　　　　　　　　　图 15-22　插入图像

（11）选中插入的图像，单击鼠标右键，在弹出的下拉菜单中选择【图像】|【对齐】|【右对

齐】选项，如图 15-23 所示。

（12）保存文档，按 F12 键在浏览器中预览，效果如图 15-24 所示。

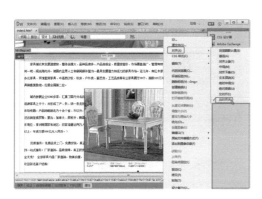

图 15-23 插入图像

图 15-24 预览效果

## 15.2.2 更新模板及其他网页

通过模板创建文档后，文档就同模板密不可分了。以后每次修改模板后，都可以利用 Dreamweaver 的站点管理特性，自动对这些文档进行更新，从而改变文档的风格。更新模板及其他网页的操作步骤如下，所涉及的文件如表 15-3 所示。

表 15-3

| 原始文件 | 原始文件 /CH15/15.2.2/moban.dwt |
|---|---|
| 最终文件 | 最终文件 /CH15/15.2.2/index1.htm |

（1）打开素材文件"原始文件 /CH15/15.2.2/moban.dwt"，选中图像，在【属性】面板中选择【矩形热点工具】，如图 15-25 所示。

（2）在图像上绘制矩形热点，并输入相应的链接，如图 15-26 所示。

图 15-25 打开素材文件

图 15-26 绘制矩形热点

（3）选择菜单中的【文件】|【保存】命令，弹出【更新模板文件】对话框，在该对话框中

显示要更新的网页文档，如图 15-27 所示。

（4）单击【更新】按钮，弹出【更新页面】对话框，如图 15-28 所示。

图 15-27 【更新模板文件】对话框　　　　　图 15-28 【更新页面】对话框

（5）打开利用模板创建的文档，可以看到文档更新的效果，如图 15-29 所示。

图 15-29　更新文档

## 15.3　创建和应用库

库用于存放页面元素，如图像、文本或其他对象等。这些元素通常被广泛应用于整个站点，并且能够重复使用，被称为库项目。

### 15.3.1　将现有内容创建为库

库是一种特殊的 Dreamweaver 文件，包含已创建以便放在网页上的单独的资源或资源集合。库中可以存储各种各样的页面元素。库项目是可以在多个页面中重复使用的存储页面元素。为现有内容创建库的具体操作步骤如下，所涉及的文件如表 15-4 所示。

表 15-4

| 原始文件 | 原始文件 /CH15/15.3.1/index.html |
|---|---|
| 最终文件 | 最终文件 /CH15/15.3.1/top.1bi |

（1）打开素材文件"原始文件 /CH15/15.3.1/index.html"，如图 15-30 所示。

（2）选择菜单中的【文件】|【另存为】命令，弹出【另存为】对话框，在对话框的【文件名】中输入名称"top.lbi"，在【保存类型】中选择保存类型，如图15-31所示。

图 15-30　打开素材文件　　　　　　　　图 15-31　【另存为】对话框

（3）单击【保存】按钮，保存库项目，如图15-32所示。

（4）保存库文件，按F12键在浏览器中预览效果，如图15-33所示。

图 15-32　保存库项目　　　　　　　　　图 15-33　预览库文件

## 15.3.2　在网页中应用库

当向页面添加库项目时，将把实际内容以及对该库项目的引用一起插入到文档中。应用库项目的具体操作步骤如下，所涉及的文件如表15-5所示。

表 15-5

| 原始文件 | 原始文件 /CH15/15.3.2/index.html |
| --- | --- |
| 最终文件 | 最终文件 /CH15/15.3.2/index1.html |

（1）打开素材文件"原始文件 /CH15/15.3.2/index.htm"，如图15-34所示。

（2）选择菜单中的【窗口】|【资源】命令，打开【资源】面板，在面板中单击按钮，显示站点中的库项目，如图15-35所示。

（3）将光标放置在要插入库项目的位置，在【资源】面板中选中库项目"top.lbi"，单击左下角的【插入】按钮，插入库项目，如图15-36所示。

（4）保存文档，按F12键在浏览器中预览效果，如图15-37所示。

 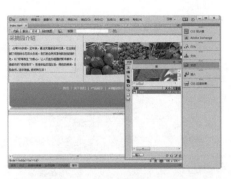

图 15-34　打开素材文件　　　　　　　图 15-35　【资源】面板

图 15-36　插入库项目　　　　　　　图 15-37　预览效果

### 15.3.3　编辑并更新网页

和模板一样，通过修改某个库项目可以改变整个站点中所有应用该库项目的文档，实现统一更新文档风格，所涉及的文件如表 15-6 所示。

表 15-6

| 原始文件 | 原始文件 /CH15/15.3.3/top.lbi |
| --- | --- |
| 最终文件 | 最终文件 /CH15/15.3.3/index1.html |

（1）打开库文件"原始文件 //CH15/15.3.3/top.lbi"，在图像【关于我们】上绘制矩形热区，在【属性】面板中【链接】文本框中输入"guanyun"，如图 15-38 所示。

（2）选择菜单中【修改】|【库】|【更新页面】命令，打开【更新页面】对话框，如图 15-39 所示。

图 15-38　绘制矩形热点　　　　　　图 15-39　【更新页面】对话框

（3）单击【开始】按钮，即可按照指示更新文件，如图 15-40 所示。

（4）打开应用库项目的文件，可以看到文件已经被更新，如图 15-41 所示。

图 15-40　更新文件

图 15-41　更新应用库项目的文档

## 15.3.4　将库项目从源文件中分离

要更改基于库的文档的锁定区域，必须将文档从库中分离。文档分离后，整个文档都是可编辑的。将库项目从源文件中分离的具体操作步骤如下，所涉及的文件如表 15-7 所示。

表 15-7

| 原始文件 | 原始文件 /CH15/15.3.4/index.html |
| --- | --- |
| 最终文件 | 最终文件 /CH15/15.3.4/index1.html |

（1）打开素材文件"原始文件 /CH15/15.3.4/index1.html"，如图 15-42 所示。

（2）选中库项目，打开属性面板，单击【从源文件中分离】按钮，如图 15-43 所示。

图 15-42　打开素材文件

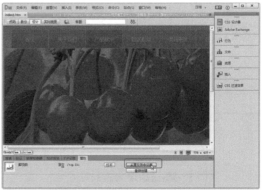

图 15-43　单击【从源文件中分离】按钮

（3）单击【从源文件中分离】按钮后，即可将库项目从源文件中分离，如图 15-44 所示。

图 15-44　库项目从源文件中分离

## 15.4　实战

本章主要讲述了模板和库的创建、管理和应用的相关知识。通过本章的学习，读者基本可以创建模板和库。下面通过两个实例来具体讲述创建完整模板网页的方法。

### 实战 1——创建企业网站模板

这里涉及的文件如表 15-8 所示。

表 15-8

| 原始文件 | 原始文件 /CH15/ 实战 1/moban.dwt |
| --- | --- |
| 最终文件 | 最终文件 /CH15/ 创建企业网站模板 |

（1）选择菜单中的【文件】|【新建】命令，打开【新建文档】对话框，在对话框中选择【空白页】|【HTML 模板】|【无】选项，如图 15-45 所示。

（2）单击【创建】按钮，即可创建模板网页，如图 15-46 所示。

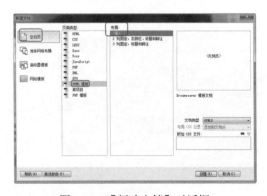

图 15-45　【新建文档】对话框　　　　　　　　图 15-46　创建空模板

（3）选择菜单中的【文件】|【保存】命令，弹出【Dreamweaver】提示框，如图 15-47 所示。

（4）单击【确定】按钮，弹出【另存模板】对话框，在对话框中的【另存为】文本框中输入名称，如图 15-48 所示。

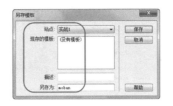

图 15-47  提示框                 图 15-48  【另存模板】对话框

（5）单击【保存】按钮，保存模板，将光标置于页面中，选择菜单中的【修改】|【页面属性】命令，弹出【页面属性】对话框，在对话框中将【左边距】、【上边距】、【下边距】、【右边距】分别设置为 0px，如图 15-49 所示。

（6）单击【确定】按钮，修改页面属性，选择菜单中的【插入】|【表格】命令，弹出【表格】对话框，在对话框中将【行数】设置为 4，【列】设置为 1，【表格宽度】设置为 1006 像素，如图 15-50 所示。

图 15-49  【页面属性】对话框        图 15-50  【表格】对话框

（7）单击【确定】按钮，插入 4 行 1 列的表格，如图 15-51 所示。

（8）将光标置于表格的第 1 行单元格中，选择菜单中的【插入】|【图像】|【图像】命令，弹出【选择图像源文件】对话框，在对话框中选择图像文件 "../images/top1.jpg"，如图 15-52 所示。

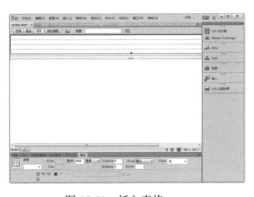
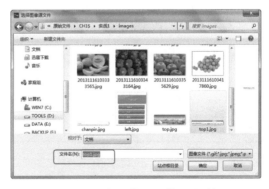

图 15-51  插入表格              图 15-52  【选择图像源文件】对话框

（9）单击【确定】按钮，插入图像，如图 15-53 所示。

（10）将光标置于表格的第 2 行单元格中，选择菜单中的【插入】|【图像】|【图像】命令，插入图像 "../images/top.jpg"，如图 15-54 所示。

图 15-53　插入图像　　　　　　　　　　　图 15-54　插入图像

（11）将光标置于表格的第 3 行单元格中，选择菜单中的【插入】|【表格】命令，插入 1 行 2 列的表格，如图 15-55 所示。

（12）将光标置于刚插入表格的第 1 列单元格中，选择菜单中的【插入】|【图像】|【图像】命令，插入图像"../images/left.jpg"，如图 15-56 所示。

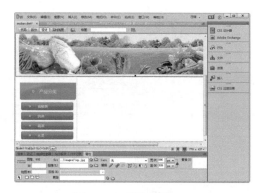

图 15-55　插入表格　　　　　　　　　　　图 15-56　插入图像

（13）将光标置于刚插入表格的第 2 列单元格中，选择菜单中的【插入】|【模板】|【可编辑区域】命令，如图 15-57 所示。

（14）选择命令后，弹出【新建可编辑区域】对话框，如图 15-58 所示。

图 15-57　选择【可编辑区域】命令　　　　图 15-58　【新建可编辑区域】对话框

（15）单击【确定】按钮，插入新建可编辑区域，如图 15-59 所示。

（16）将光标置于表格的第 4 行单元格中，将单元格的【高】设置为 50，【背景颜色】设置为 #006018，如图 15-60 所示。

 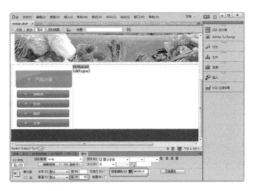

图 15-59　插入可编辑区域　　　　　　　　图 15-60　设置单元格属性

（17）将光标放置在表格的第 4 行单元格中，输入相应的文字，如图 15-61 所示。

（18）保存模板文档，在浏览器中预览，效果如图 15-62 所示。

图 15-61　输入文字　　　　　　　　　　　图 15-62　预览效果

## 实战 2——利用模板创建网页

上一节讲述了模板的创建过程，那么这一节就来讲述利用模板创建网页，具体操作步骤如下，所涉及的文件如表 15-9 所示。

表 15-9

| 原始文件 | 原始文件 /CH15/ 实战 2/moban.dwt |
|---|---|
| 最终文件 | 最终文件 /CH15/ 实战 2/index1.htm |

（1）选择菜单中的【文件】|【新建】命令，弹出【新建文档】对话框，在对话框中选择【网站模板】|【站点 实战 2】|【站点"实战 2"的模板：】|【moban】选项，如图 15-63 所示。

（2）单击【创建】按钮，创建模板网页，如图 15-64 所示。

图 15-63　【新建文档】对话框　　　　　　　图 15-64　创建模板网页

（3）选择菜单中的【文件】|【保存】命令，弹出【另存为】对话框，在对话框中的【文件名 N:】中输入名称，如图 15-65 所示。

（4）单击【保存】按钮，保存文档，将光标放置在可编辑区域中，选择菜单中的【插入】|【表格】命令，插入 2 行 1 列的表格，此表格记为表格 1，如图 15-66 所示。

图 15-65　【另存为】对话框　　　　　　　　图 15-66　插入表格 1

（5）将光标放置在表格 1 的第 1 行单元格中，选择菜单中的【插入】|【图像】|【图像】命令，插入图像 "images/chanpin.jpg"，如图 15-67 所示。

（6）将光标置于表格 1 的第 2 行单元格中，插入 8 行 3 列的表格，此表格记为表格 2，如图 15-68 所示。

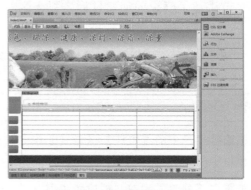

图 15-67　插入图像　　　　　　　　　　　　图 15-68　插入表格 2

（7）选中插入的表格2，打开属性面板，在属性面板中将【Align】设置为居中对齐,【CellPad】设置为5,【CellSpace】设置为5，如图15-69所示。

（8）将光标置于表格2的第1行第1列单元格中，选择菜单中的【插入】|【表格】命令，插入1行1列的表格，此表格记为表格3，如图15-70所示。

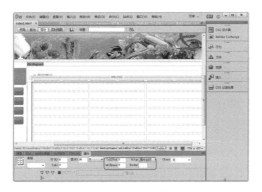

图15-69　设置表格属性

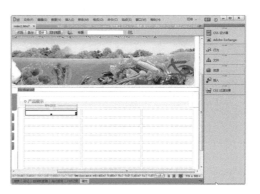

图15-70　插入表格3

（9）选中插入的表格3，打开属性面板，在面板中将【Align】设置为居中对齐，【CellPad】设置为1,【CellSpace】设置为3，如图15-71所示。

（10）选择表格3，打开代码视图，在表格代码中输入背景颜色bgcolor="#4DA80B"，如图15-72所示。

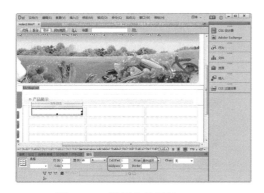

图15-71　设置表格属性

图15-72　输入代码

（11）返回设计视图，可以看到设置的背景颜色，如图15-73所示。

（12）将光标置于表格3的单元格中，将单元格的【背景颜色】设置为#FFFFFF，如图15-74所示。

（13）将光标置于表格3的单元格中，选择菜单中的【插入】|【图像】|【图像】命令，插入图像"images/2013111610345729.jpg"，如图15-75所示。

（14）将光标置于表格2的第2行第1列单元格中，输入相应的文件，如图15-76所示。

（15）重复步骤（8）～（14）在表格2的其他单元格中也分别插入图像，并输入相应的文字，如图15-77所示。

（16）保存利用模板创建的文档，在浏览器中预览，效果如图 15-78 所示。

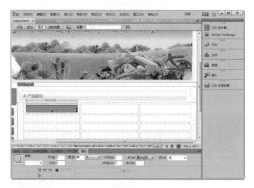

图 15-73　设置表格的背景颜色

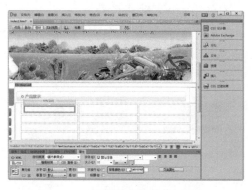

图 15-74　设置单元格的背景颜色

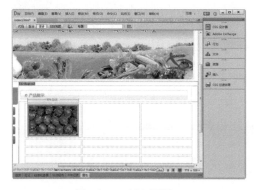

图 15-75　插入图像

图 15-76　输入文字

图 15-77　插入其他内容

图 15-78　预览效果

第16章

# 利用行为轻易实现网页特效

行为可以说是 Dreamweaver CC 中最有特色的功能，其可以让用户不编写 JavaScript 代码就能实现多种动态页面效果。Dreamweaver CC 中自带的行为多种多样、功能强大，可以为页面制作出各种各样的特殊效果，如打开浏览器窗口、设置文本、交换图像等。

学习目标

- 行为概述

- 使用 Dreamweaver 内置行为

- 使用 JavaScript

## 16.1  行为概述

为了更好地理解行为的概念，下面分别解释与行为相关的 3 个重要的概念：【对象】、【事件】和【动作】。

【对象】：产生行为的主体，很多网页元素都可以成为对象，如图片、文字或多媒体文件等。此外，网页本身有时也可作为对象。

【事件】：触发动态效果的原因，可以被附加到各种页面元素上，也可以被附加到 HTML 标记中。一个事件总是针对页面元素或标记而言的，例如将鼠标指针移到图片上、把鼠标指针放在图片之外和单击鼠标左键，是与鼠标有关的 3 个最常见的事件（即 onMouseOver、onMouseOut 和 onClick）。不同的浏览器支持的事件种类和数量是不一样的，通常高版本的浏览器支持更多的事件。

【动作】：最终需完成的动态效果，如交换图像、弹出信息、打开浏览器窗口及播放声音等都是动作。动作通常是一段 JavaScript 代码。在 Dreamweaver CC 中使用内置的行为时，系统会自动向页面中添加 JavaScript 代码，用户完全不必自己编写。

### 16.1.1  使用行为面板

Dreamweaver CC 提供了丰富的内置行为，利用这些行为，不需要编写任何代码，就可以实现一些强大的交互性功能。另外，用户也可以从互联网上下载一些第三方提供的动作来使用。

【行为】面板的作用是为网页元素添加动作和事件，使网页具有互动效果。在介绍【行为】面板前，先了解一下这 3 个词汇：事件、动作和行为。

- 事件：浏览器对每一个网页元素的响应途径，与具体的网页对象相关。

- 动作：一段事先编辑好的脚本，可用来选择某些特殊的任务，如播放声音、打开浏览器窗口、弹出菜单等。

- 行为：实质上是事件和动作的合成体。

选择菜单中的【窗口】|【行为】命令，打开【行为】面板，如图 16-1 所示，在面板中单击【添加行为】按钮，可以添加相应的行为和事件。

在该面板中包含以下 4 种按钮。

- ＋ 按钮：弹出一个下拉菜单，在此下拉菜单中选择相应的命令，会弹出一个对话框，在对话框中可设置选定动作或事件的各个参数。如果弹出的下拉菜单中所有命令都为灰色，则表示不能对所选择的对象添加动作或事件。

- － 按钮：单击此按钮，可以删除列表中所选的事件和动作。

- ▲ 按钮：单击此按钮，可以向上移动所选的事件和动作。

- ▼ 按钮：单击此按钮，可以向下移动所选的事件和动作。

图 16-1　【行为】面板

## 16.1.2　关于动作

动作具有设置更换图片、弹出警告对话框等特殊效果的功能，只有当某个事件发生时，才能被执行。Dreamweaver 提供的动作种类具体如表 16-1 所示。

表 16-1　Dreamweaver 提供的动作

| Call JavaScript | 事件发生时，调用 JavaScript 特定函数 |
| --- | --- |
| Change Property | 改变选定客体的属性 |
| Check Browser | 根据访问者的浏览器版本，显示适当的页面 |
| Check Plugin | 确认是否设有运行网页的插件 |
| Control Shockwave or Flash | 控制 Flash 影片的指定帧 |
| Drag Layer | 允许用户在浏览器中自由拖动层 |
| Go To URL | 选定的事件发生时，可以移动到特定的站点或者网页文档上 |
| Hide Pop-up Menu | 隐藏在 Dreamweaver 上制作的弹出窗口 |
| Jump Menu | 制作一次可以建立若干个链接的跳转菜单 |
| Jump Menu Go | 在跳转菜单中选定要移动的站点之后，只有单击 GO 按钮才可以移动到链接的站点上 |
| Open Browser Window | 在新窗口中打开 URL |
| Play Sound | 设置的事件发生之后，播放链接的音乐 |

| | |
|---|---|
| Popup Message | 设置的事件发生之后，显示警告信息 |
| Preload Images | 为了在浏览器中快速显示图片，事先下载图片之后显示出来 |
| Set Nav Bar Images | 制作由图片组成菜单的导航条 |
| Set Text of Frame | 在选定的帧上显示指定的内容 |
| Set Text of Layer | 在选定的层上显示指定的内容 |
| Set Text of Status Bar | 在状态栏中显示指定的内容 |
| Set Text of Text Field | 在文本字段区域显示指定的内容 |
| Show Pop-up Menu | 在 Dreamweaver 中可以制作需要的弹出菜单 |
| Show-Hide Layers | 根据设置的事件，显示或隐藏特定的层 |
| Swap Image | 发生设置的事件后，用其他图片来取代选定的图片 |
| Swap Image Restore | 在运用 Swap Image 动作之后，显示原来的图片 |
| Timeline | 用来控制时间轴，可以播放、停止动画 |
| Validate Form | 检查表单文档有效性的时候使用 |

## 16.1.3 关于事件

事件就是在特定情况下发生，选定行为动作的功能。例如，单击图片之后转移到特定站点上的行为，因为事件被指定了 onClick，所以就会执行在单击图片的一瞬间转移到其他站点的这一动作。

各类浏览器所支持的事件数量和种类各不相同，目前浏览器的主流是 Internet Explorer 4.0 以上版本。单击【行为】面板中的按钮，显示在 Dreamweaver 中提供的事件列表。单击【显示设置事件】显示已经设置的事件，单击【显示所有事件】显示所有可以设置的事件。

下面对事件的用途进行分类说明，表 16-2 所示为关于窗口的事件，表 16-3 所示为关于鼠标和键盘的事件，表 16-4 所示为关于表单的事件，而其他事件如表 16-5 所示。

表 16-2　关于窗口的事件

| | |
|---|---|
| onAbort | 在浏览器窗口中停止了加载网页文档的操作时发生的事件 |
| onMove | 移动窗口或者停顿时发生的事件 |
| onLoad | 选定的对象出现在浏览器上时发生的事件 |
| onResize | 访问者改变窗口或帧的大小时发生的事件 |
| onLoad | 访问者退出网页文档时发生的事件 |

表 16-3　关于鼠标和键盘的事件

| | |
|---|---|
| onClick | 用鼠标单击选定元素的一瞬间发生的事件 |
| onBlur | 鼠标指针移动到窗口或帧外部，即在这种非激活状态下发生的事件 |
| onDragDrop | 拖动并放置选定元素的那一瞬间发生的事件 |
| onDragStart | 拖动选定元素的那一瞬间发生的事件 |
| onFocus | 鼠标指针移动到窗口或帧上，即激活之后发生的事件 |
| onMouseDown | 单击鼠标右键一瞬间发生的事件 |
| onMouseMove | 鼠标指针指向字段并在字段内移动 |

续表

| onMouseOut | 鼠标指针经过选定元素之外时发生的事件 |
|---|---|
| onMouseOver | 鼠标指针经过选定元素上方时发生的事件 |
| onMouseUp | 单击鼠标右键，然后释放时发生的事件 |
| onScroll | 访问者在浏览器上移动滚动条的时候发生的事件 |
| onKeyDown | 在键盘上按住特定键时发生的事件 |
| onKeyPress | 在键盘上按特定键时发生的事件 |
| onKeyUp | 在键盘上按下特定键并释放时发生的事件 |

**表 16-4　关于表单的事件**

| onAfterUpdate | 更新表单文档的内容时发生的事件 |
|---|---|
| onBeforeUpdate | 改变表单文档的项目时发生的事件 |
| onChange | 访问者修改表单文档的初始值时发生的事件 |
| onReset | 将表单文档重设置为初始值时发生的事件 |
| onSubmit | 访问者传送表单文档时发生的事件 |
| onSelect | 访问者选定文本字段中的内容时发生的事件 |

**表 16-5　其他事件**

| onError | 在加载文档的过程中，发生错误时发生的事件 |
|---|---|
| onFilterChange | 运用于选定元素的字段发生变化时发生的事件 |
| Onfinish Marquee | 用功能来显示的内容结束时发生的事件 |
| Onstart Marquee | 开始应用功能时发生的事件 |

## 16.2　使用 Dreamweaver 内置行为

Dreamweaver 内置了很多种行为，这些行为是为在 IE4.0 或更高版本中使用而编写的。用户利用这些内置行为可以不用编写代码就能轻松地制作出各种特效网页。

### 16.2.1　交换图像

【交换图像】就是当鼠标指针经过图像时，原图像会变成另外一幅图像。一个交换图像其实是由两幅图像组成的：原始图像（当前页面显示时候的图像）和交换图像（当鼠标经过原始图像时显示的图像）。组成图像交换的两幅图像必须有相同的尺寸，如果两幅图像的尺寸不同，Dreamweaver 会自动将第二幅图像尺寸调整成第一幅同样大小。具体操作步骤如下，所涉及的文件如表 16-6 所示。

**表 16-6**

| 原始文件 | 原始文件 /CH16/16.2.1/index.htm |
|---|---|
| 最终文件 | 最终文件 /CH16/16.2.1/index1.htm |

（1）打开素材文件"原始文件 /CH16/16.2.1/index.htm"，选中图像，如图 16-2 所示。

（2）选择菜单中的【窗口】|【行为】命令，打开【行为】面板，在面板中单击【添加行为】
按钮，在弹出菜单中选择【交换图像】选项，如图 16-3 所示。

图 16-2　打开素材文件　　　　　　　　　图 16-3　选择【交换图像】选项

（3）选择后，弹出【交换图像】对话框，在对话框中单击【设定原始档为】文本框右边的
【浏览】按钮，弹出【选择图像源文件】对话框，在对话框中选择图像"images/ 00.jpg"，如
图 16-4 所示。

（4）单击【确定】按钮，输入新图像的路径和文件名，如图 16-5 所示。

图 16-4　【选择图像源文件】对话框　　　　　图 16-5　【交换图像】对话框

【交换图像】对话框中可以进行如下设置。

- 【图像】：在列表中选择要更改其来源的图像。

- 【设定原始档】：单击【浏览】按钮选择新图像文件，文本框中显示新图像的路径和文件名。

- 【预先载入图像】：勾选该复选框，这样在载入网页时，新图像将载入到浏览器的缓冲
  中，防止当该图像出现时由于下载而导致的延迟。

（5）单击【确定】按钮，添加行为，如图 16-6 所示。

（6）保存文档，在浏览器中浏览，交换图像前的效果如图 16-7 所示，交换图像后的效果如

图 16-8 所示。

图 16-6 添加行为

图 16-7 交换图像前的效果

图 16-8 交换图像后的效果

## 16.2.2 恢复交换图像

利用【恢复交换图像】行为,可以将所有被替换显示的图像恢复为原始图像。一般来说,在设置【交换图像】行为时,会自动添加【恢复交换图像】行为,这样当鼠标指针离开对象时,就会自动恢复原始图像。

如果在设置【交换图像】行为时,没有选中【交换图像】对话框中的【鼠标滑开时恢复图像】复选项,则仅为对象添加了【交换图像】行为,而没有添加【恢复交换图像】行为。在这种情况下,读者可以手动为图像设置【恢复交换图像】行为,具体的操作步骤如下。

(1)选中页面中附加了【交换图像】行为的对象。

(2)单击【行为】面板中的【添加行为】按钮,在弹出的下拉菜单中执行【恢复交换图像】命令,如图 16-9 所示,弹出【恢复交换图像】对话框,如图 16-10 所示。

(3)在对话框中没有可以设置的选项,直接单击【确定】按钮,即可为对象添加【恢复交换图像】行为。

图 16-9 选择【恢复交换图像】命令 图 16-10 【恢复交换图像】对话框

### 16.2.3 打开浏览器窗口

当用户浏览网站时，有时能看到，页面打开时会有一个小窗口也同时打开，里面是一些最新消息或通知等内容。这个小窗口中内容，比较引人注目，而且可以经常更新，而这个小窗口就是通过【打开浏览器窗口】实现的。用户可以从【行为】面板弹出菜单中选择【打开浏览器窗口】。使用【打开浏览器窗口】行为在一个新窗口中打开网页，可以指定新窗口的属性、特性和名称。创建【打开浏览器窗口】网页的具体操作步骤如下，所涉及的文件如表 16-7 所示。

表 16-7

| 原始文件 | 原始文件 /CH161/16.2.3/index.htm |
| --- | --- |
| 最终文件 | 最终文件 /CH16/16.2.3/index.1.htm |
| 学习要点 | 利用行为打开浏览器窗口 |

（1）打开素材文件"原始文件 /CH16/16.2.3/index.htm"，如图 16-11 所示。

（2）单击文档窗口中的 <body> 标签，选择菜单中的【窗口】|【行为】命令，打开【行为】面板，单击【行为】面板中的 按钮，在弹出的下拉菜单中选择【打开浏览器窗口】选项，如图 16-12 所示。

图 16-11 打开素材文件 图 16-12 选择【打开浏览器窗口】选项

（3）弹出【打开浏览器窗口】对话框，在对话框中单击【要显示的 URL】右边的【浏览】按钮，弹出【选择文件】对话框，在对话框中选择文件，如图 16-13 所示。

（4）单击【确定】按钮，添加文件，在对话框中将【窗口宽度】设置为650,【窗口高度】设置为308,【属性】设置为需要时使用滚动条，在【窗口名称】中输入名称，如图16-14所示。

图 16-13　【选择文件】对话框　　　　　图 16-14　【打开浏览器窗口】对话框

【打开浏览器窗口】对话框中有以下选项设置。
- 要显示的 URL：要打开的新窗口的名称。
- 窗口宽度：指定以像素为单位的窗口宽度。
- 窗口高度：指定以像素为单位的窗口高度。
- 导航工具栏：浏览器按钮包括【前进】、【后退】、【主页】和【刷新】。
- 地址工具栏：浏览器地址。
- 状态栏：浏览器窗口底部的区域，用于显示信息（如剩余加载时间，和 URL 关联的链接）。
- 菜单条：浏览器窗口菜单。
- 需要时使用滚动条：指定如果内容超过可见区域时，滚动条自动出现。
- 调整大小手柄：指定用户是否可以调整窗口大小。
- 窗口名称：新窗口的名称。

（5）单击【确定】按钮，将其添加到行为面板中，如图16-15所示。

（6）保存文档，按F12键在浏览器中预览效果，如图16-16所示。

图 16-15　添加行为　　　　　　　　图 16-16　打开浏览器窗口效果

## 16.2.4　调用 JavaScript

制作自动关闭网页的具体操作步骤如下，所涉及的文件如表 16-8 所示。

表 16-8

| 原始文件 | 原始文件 /CH16/16.2.4/index.htm |
|---|---|
| 最终文件 | 最终文件 /CH16/16.2.4/index.1.htm |

（1）打开素材文件"原始文件 /CH16/16.2.4/index.htm"，如图 16-17 所示。

（2）在文档窗口中单击 \<body\> 标签，选择菜单中的【窗口】|【行为】命令，打开【行为】面板，单击【行为】面板上的 ➕ 按钮，在弹出菜单中选择【调用 JavaScript】，如图 16-18 所示。

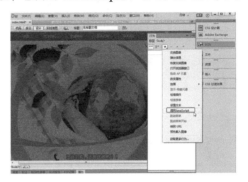

图 16-17 打开素材文件 　　　　　　　　　　图 16-18 选择【调用 JavaScript】选项

（3）弹出【调用 JavaScript】对话框，在弹出的【调用 JavaScript】对话框中输入"window.close()"，如图 16-19 所示。

（4）单击【确定】按钮，添加行为，如图 16-20 所示。

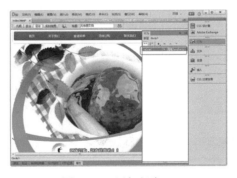

图 16-19 输入代码 　　　　　　　　　　图 16-20 添加行为

（5）保存文档，按 F12 键在浏览器中预览效果，如图 16-21 所示。

图 16-21 预览效果

## 16.2.5　转到 URL

自动跳转页面网页就是打开一个页面一段时间后自动跳转到另一个页面。创建自动跳转网页的具体操作步骤如下，所涉及的文件如表 16-9 所示。

表 16-9

| 原始文件 | 原始文件 /CH16/16.2.5/index.htm |
|---|---|
| 最终文件 | 最终文件 /CH16/16.2.5/index1.htm |

（1）打开素材文件"原始文件 /CH16/16.2.5/index.htm"，如图 16-22 所示。

（2）单击文档窗口中的 <body> 标签，选择菜单中的【窗口】|【行为】命令，打开【行为】面板，单击【行为】面板中的按钮，在弹出的下拉菜单中选择【转到 URL】选项，如图 16-23 所示。

图 16-22　打开素材文件　　　　　　　　图 16-23　选择【转到 URL】命令

（3）弹出【转到 URL】对话框，在对话框中单击【URL】文本框中右边的【浏览】按钮，弹出【选择文件】对话框，在对话框中选择"index1.htm"文件，如图 16-24 所示。

（4）单击【确定】按钮，将其添加到 URL 文本框中，如图 16-25 所示。

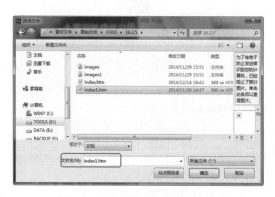

图 16-24　【选择文件】对话框　　　　　　图 16-25　【转到 URL】对话框

（5）单击【确定】按钮，将其添加到【行为】面板中，如图 16-26 所示。

（6）保存文档，按 F12 键在浏览器中预览效果。跳转前后效果分别为图 16-27 和图 16-28 所示。

图 16-26 添加到【行为】面板

图 16-27 跳转前

图 16-28 跳转后

## 16.2.6 弹出信息

【弹出消息】显示一个带有指定消息的 JavaScript 警告。因为 JavaScript 警告只有一个按钮，所以使用此动作可以提供信息，而不能为用户提供选择。【弹出信息】的具体操作如下，所涉及的文件如表 16-10 所示。

表 16-10

| 原始文件 | 原始文件 /CH16/16.2.6/index.htm |
| --- | --- |
| 最终文件 | 最终文件 /CH16/16.2.6/index.htm |

（1）打开素材文件"原始文件 /CH16/16.2.6/index.htm"，如图 16-29 所示。

（2）单击文档窗口中的 \<body\> 标签，选择菜单中的【窗口】|【行为】命令，打开【行为】面板，单击【行为】面板中的 ➕ 按钮，在弹出的下拉菜单中选择【弹出信息】选项，如图 16-30 所示。

图 16-29 打开素材文件

图 16-30 选择【弹出信息】选项

（3）弹出【弹出信息】对话框，在对话框中输入文字"欢迎光临我们的网站！"，如图 16-31 所示。

（4）单击【确定】按钮，将其添加到【行为】面板中，将事件设置为 onLoad，如图 16-32 所示。

图 16-31　【弹出信息】对话框　　　　　　图 16-32　　设置行为事件

（5）保存文档。按 F12 键在浏览器中预览效果，如图 16-33 所示。

图 16-33　弹出信息效果

## 16.2.7　预先载入图像

当一个网页包含很多图像，但有些图像不能被同时下载，而又需要显示时，浏览器会再次向服务器请求指令继续下载图像。这样会给网页的浏览造成一定程度的延迟。使用【预先载入图像】动作就可以把一些图像预先载入浏览器的缓冲区内，这样就避免了在下载时出现的延迟。创建预先载入图像具体操作如下，所涉及的文件如表 16-11 所示。

表 16-11

| 原始文件 | 原始文件 /CH16/16.2.7/index.htm |
| --- | --- |
| 最终文件 | 最终文件 /CH16/16.2.7/index1.htm |

提示　【交换图像】动作自动预先载入用户在【交换图像】对话框中，选择【预先载入图像】选项时所有高亮显示的图像，因此当使用【交换图像】时，用户不需要手动添加【预先载入图像】。

（1）打开素材文件"原始文件 /CH16/16.2.7/index.htm"，在文档中选中图像，如图 16-34 所示。

（2）打开【行为】面板，单击 ⊞ 按钮，在弹出的下拉菜单中选择【预先载入图像】选项，如图 16-35 所示。

图 16-34　打开素材文件　　　　　　图 16-35　选择【预先载入图像】选项

（3）弹出【预先载入图像】对话框，在对话框中单击【图像源文件】文本框后面的【浏览】按钮，弹出【选择图像源文件】对话框，在对话框中选择相应的文件，如图 16-36 所示。

（4）单击【确定】按钮，此时在【预先载入图像】对话框中显示刚才选定的图片的名称，如图 16-37 所示。

图 16-36　【选择图像源文件】对话框　　　　图 16-37　【预先载入图像】对话框

（5）单击【确定】按钮，将其添加到【行为】面板中，如图 16-38 所示。

（6）保存文档，按 F12 键在浏览器中预览效果，如图 16-39 所示。

图 16-38　添加到【行为】面板　　　　　图 16-39　预先载入图像效果

## 16.2.8　设置状态栏文本

设置状态栏文本就是浏览时在浏览器窗口左下角的状态栏中显示消息。设置状态栏文本的具体操作如下，所涉及的文件如表 16-12 所示。

表 16-12

| 原始文件 | 原始文件 /CH16/16.2.8/index.htm |
|---|---|
| 最终文件 | 最终文件 /CH16/16.2.8/index.1.htm |

（1）打开素材文件"原始文件 /CH16/16.2.8/index.htm"，如图 16-40 所示。

（2）单击文档窗口中的 <body> 标签，打开【行为】面板，单击行为面板中的 ⊞ 按钮，在弹出的下拉菜单中选择【设置文本】|【设置状态栏文本】选项，如图 16-41 所示。

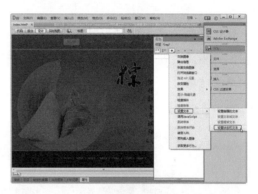

图 16-40　打开素材文件　　　　　　图 16-41　选择【设置状态栏文本】选项

（3）弹出【设置状态栏文本】对话框，在对话框中的【消息】文本框中输入文字"欢迎进入我们的网站！"，如图 16-42 所示。

（4）单击【确定】按钮，将其添加到【行为】面板中，如图 16-43 所示。

图 16-42　【设置状态栏文本】对话框

（5）保存文档，按 F12 键在浏览器中预览效果，如图 16-44 所示。

图 16-43　添加到【行为】面板　　　　　　图 16-44　设置状态栏文本效果

### 16.2.9 检查表单

【检查表单】动作检查指定文本域的内容，以确保用户输入了正确的数据类型。【检查表单】具体制作步骤如下，所涉及的文件如表 16-13 所示。

表 16-13

| 原始文件 | 原始文件 /CH16/16.2.9/index.htm |
|---|---|
| 最终文件 | 最终文件 /CH16/16.2.9/index.1.htm |

（1）打开素材文件"原始文件 /CH16/16.2.9/index.htm"，在文档中选中文本域，如图 16-45 所示。

（2）打开【行为】面板，在【行为】面板中单击 ➕ 按钮，在弹出的下拉菜单中选择【检查表单】选项，如图 16-46 所示。

图 16-45　打开素材文件　　　　　　图 16-46　选择【检查表单】选项

（3）弹出【检查表单】对话框，在对话框中勾选【值】为必需的，【可接受】选择电子邮件地址，如图 16-47 所示。

（4）单击【确定】按钮，将其添加到【行为】面板中，如图 16-48 所示。

图 16-47　【检查表单】对话框　　　　　　图 16-48　添加到【行为】面板

（5）保存文档，按 F12 键在浏览器中预览效果，如图 16-49 所示。

图 16-49　检查表单效果

## 16.2.10　Blind 效果

利用行为制作 Blind 效果的具体操作如下，所涉及的文件如表 16-14 所示。

表 16-14

| 原始文件 | 原始文件 /CH16/16.2.10/index.htm |
|---|---|
| 最终文件 | 最终文件 /CH16/16.2.10/index1.htm |

（1）打开素材文件"原始文件 /CH16/16.2.10/index.htm"，选择要应用效果的内容或布局对象，如图 16-50 所示。

（2）打开【行为】面板，单击【行为】面板中的 + 按钮，在弹出的菜单中选择【效果】|【Blind】选项，如图 16-51 所示。

图 16-50　打开素材文件

图 16-51　选择【Blind】选项

（3）弹出【Blind】对话框，在【目标元素】下拉列表中选择【＜当前选定内容＞】选项，【效果持续时间】设置为 1000ms，【可见性】选择【hide】，【方向】选择【up】，如图 16-52 所示。

（4）单击【确定】按钮，将行为添加到【行为】面板中，如图 16-53 所示。

图 16-52　【Blind】对话框

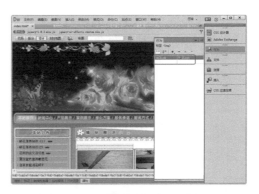

图 16-53　添加到【行为】面板

【Blind】对话框中可以进行如下设置。

- 【目标元素】：选择某个对象的 ID。如果已经选择了一个对象，则选择【< 当前选定内容 >】选项。

- 【效果持续时间】：定义出现此效果所需的时间，用毫秒表示。

- 【可见性】：此选项中有 hide、show、toggle。

- 【方向】：在此选项中有 up、down、left、right、vertical、horizontal。

（5）保存文档，按 F12 键在浏览器中预览，效果如图 16-54 所示。

## 16.2.11　Bounce 效果

图 16-54　预览效果

下面利用行为制作 bounce 效果，具体操作步骤如下，所涉及的文件如表 16-15 所示。

表 16-15

| 原始文件 | 原始文件 /CH16/16.2.11/index.htm |
| --- | --- |
| 最终文件 | 最终文件 /CH16/16.2.11/index.1.htm |

（1）打开素材文件"原始文件 /CH16/16.2.11/index.htm"，选择要应用效果的内容或布局对象，如图 16-55 所示。

（2）选择菜单中的【窗口】|【行为】命令，打开【行为】面板，在【行为】面板中单击【添加行为】按钮，在弹出的菜单中选择【效果】|【Bounce】选项，如图 16-56 所示。

（3）弹出【Bounce】对话框，在【目标元素】中选

图 16-55　打开素材文件

择【＜当前选定内容＞】,【效果持续时间】设置为 1000ms,【可见性】设置为【hide】,【方向】
设置为【up】,【距离】设置为 20 像素,【次】设置为 5,如图 16-57 所示。

图 16-56　选择【Bounce】选项

图 16-57　【Bounce】对话框

（4）单击【确定】按钮,将行为添加到【行为】面板中,如图 16-58 所示。

（5）保存文档,按 F12 键在浏览器中预览,效果如图 16-59 所示。

图 16-58　添加到【行为】面板

图 16-59　预览效果

## 16.3　使用 JavaScript

JavaScript 是一种基于对象和事件驱动并具有安全性能的脚本语言。JavaScript 可使网页变得更
加生动,可增加网页互动性。它与网络客户交互作用,从而可以用来开发客户端应用程序。

### 16.3.1　利用 JavaScript 函数实现打印功能

下面制作调用 JavaScript 打印当前页面,制作时先定义一个打印当前页的函数 printPage(),
然后在 <body> 中添加代码 OnLoad="printPage()",即当打开网页时调用打印当前页
的函数 printPage()。利用 JavaScript 函数实现打印功能,具体操作步骤如下,所涉及的文件
如表 16-16 所示。

表 16-16

| 原始文件 | 原始文件 /CH16/16.3.1/index.htm |
| --- | --- |
| 最终文件 | 最终文件 /CH16/16.3.1/index1.htm |
| 学习要点 | 利用 JavaScript 函数实现打印功能 |

（1）打开素材文件"原始文件 /CH16/16.3.1/index.htm"，如图 16-60 所示。

（2）切换到代码视图，在 <body> 和 </body> 之间输入以下代码，如图 16-61 所示。

```
<SCRIPT LANGUAGE="JavaScript">
<!-- Begin
function printPage() {
if (window.print) {
agree = confirm(' 本页将被自动打印 . \n\n 是否打印 ?');
if (agree) window.print();
    }
}
//  End -->
</script>
```

图 16-60　打开素材文件

图 16-61　输入代码

（3）切换到拆分视图，在 <body> 语句中输入代码 OnLoad="printPage()"，如图 16-62 所示。

（4）保存文档，按 F12 键在浏览器中预览效果，如图 16-63 所示。

图 16-62　输入代码

图 16-63　利用 JavaScript 实现打印功能的效果

## 16.3.2　利用 JavaScript 函数实现关闭窗口功能

利用脚本语言可以创建自动关闭网页，具体操作步骤如下，所涉及的文件如表 16-17 所示。

表 **16-17**

| 原始文件 | 原始文件 /CH16/16.3.2/index.htm |
| --- | --- |
| 最终文件 | 最终文件 /CH16/16.3.2/index1.htm |

（1）打开素材文件"原始文件 /CH16/16.3.2/index.htm"，如图 16-64 所示。

（2）打开代码视图，切换到代码视图状态下，在<head>区域内输入以下代码，如图 16-65 所示。

```
<script language="javascript">
<!--function clock(){i=i-1
document.title=" 本窗口将在 "+i+" 秒后自动关闭 !";
if(i>0)setTimeout("clock();",1000);
else self.close();}
var i=10
clock();//-->
</script>
```

图 16-64　打开素材文件　　　　　　　　图 16-65　输入代码

（3）保存文档，按 F12 键在浏览器中预览效果，如图 16-66 所示。

图 16-66　自动关闭网页效果

# 设计制作企业网站

随着网络的普及和飞速发展，企业拥有自己的网站已是必然的趋势。网站不仅是企业宣传产品和服务的窗口，同时也是企业相互竞争的新战场。企业网站是以企业为主体而构建的网站，域名一般为 .com。大多数传统企业离开展电子商务还很远，公司信息发布型的网站是企业网站的主流形式，因此，信息内容显得更为重要。该类型网站的设计制作主要从公司介绍、产品、服务等几个方面来进行。

## 学习目标

- 网站策划
- 设计网站封面页
- 创建本地站点
- 使用 Dreamweaver 制作页面

## 17.1 网站策划

在企业网站设计中，既要考虑商业性，又考虑到艺术性，即企业网站是商业性和艺术性的结合。好的网站设计，有助于企业树立良好的社会形象，其能更好、更直观地展示企业产品和服务。

### 17.1.1 为什么要进行网站策划

一个网站的成功与否和建站前的网站策划有着极为重要的关系。在建立网站前，应明确建设网站的目的，确定网站的功能，确定网站规模、投入费用。建站前还应回答如下问题：企业网站是建成公司形象网站，还是产品推广网站？是做通过网站就直接赚钱的电子商务型网站，还是做成在同行业中造成影响的行业门户网站？网站建成后面对的是广大网友，还是只有准客户？这些问题只有在详细的规划、必要的市场分析后才能有答案，上述问题有了明确答案，后期的网站建设才能避免发生其他问题，网站建设才能顺利进行。从一开始注册域名到后期的网站推广、网络营销等一整套流程都需要在建站前理清。

网站策划是指在网站建设前对市场进行分析、确定网站的功能及要面对的客户，并根据需要对网站建设中的技术、内容、费用、测试、推广、维护等做出策划。网站策划对网站的建设起到计划和指导作用，对网站的内容和维护起到定位作用。

网站策划书应该尽可能涵盖网站规划中的各个方面。网站规划书的写作要科学、认真、实事求是。

## 17.1.2　主要功能页面

企业网站是以企业宣传为主题而构建的网站，域名后缀一般为 .com。与一般门户型网站不同，企业网站相对来说信息量比较少。该类型网站页面结构的设计主要是从公司简介、产品展示、服务等几个方面来进行的。

一般企业网站主要由以下部分组成。

- 公司概况：包括公司背景、发展历史、主要业绩、经营理念、经营目标及组织结构等，是为了让用户对公司的情况有一个概括的了解而存在的。

- 企业新闻动态：可以利用互联网的信息传播优势，构建一个企业新闻发布平台。通过建立一个新闻发布 / 管理系统，这样企业信息发布与管理将变得简单、迅速，可及时向互联网发布本企业的新闻、公告等信息。通过公司动态可以让用户了解公司的发展动向，加深对公司的印象，从而达到展示企业实力和形象的目的。图 17-1 所示为企业新闻动态页面。

- 产品展示：如果企业提供多种产品服务，则可以利用产品展示系统对产品进行系统的管理，包括产品的添加与删除、产品类别的添加与删除、特价产品和最新产品、推荐产品的管理、产品的快速搜索等。产品展示可以方便高效地管理网上产品，为网站客户提供一个全面的产品展示平台，更重要的是网站可以通过某种方式建立起与客户的有效沟通，更好地与客户进行对话，收集反馈信息，从而改进产品质量和提高服务水平。图 17-2 所示为企业产品展示页面。

图 17-1　企业新闻动态

图 17-2　企业产品展示系统

- 产品搜索：如果公司产品比较多，无法在简单的目录中全部列出，而且经常有产品升级换代，为了让用户能够方便地找到所需要的产品，除了设计详细的分级目录之外，增加关键词搜索功能不失为有效的措施。

- 网上招聘：这也是网络应用的一个重要方面。网上招聘系统可以根据企业自身特点，建立一个企业网络人才库。人才库对外可以进行在线网络即时招聘，对内可以进行对招聘信息和应聘人员的管理，同时，人才库可以为企业储备人才，为日后需要时使用。

- 销售网络：目前用户直接在网站订货的情况并不多，但网上看货线下购买的现象比较普遍，尤其是价格比较贵重或销售渠道比较少的商品，用户通常喜欢通过网络获取足够信息后在本地的实体商场购买。因此，有必要在网页上详尽地介绍够买产品的方式及地点。

- 售后服务：有关质量保证条款、售后服务措施以及各地售后服务的联系方式等都是用户比较关心的信息，而是否可以在本地获得售后服务往往是影响用户购买决策的重要因素。因此，这些信息应该尽可能详细地提供。

- 技术支持：这一点对于生产或销售高科技产品的公司尤为重要。除了产品说明书之外，企业还应该将用户关心的技术问题及其答案公布在网上，如一些常见故障处理、产品的驱动程序、软件工具的版本等信息资料，可以用在线提问或常见问题回答的方式呈现。

- 联系信息：网站上应该提供足够详尽的联系信息，除了公司的地址、电话、传真、邮政编码、网管 E-mail 地址等基本信息之外，最好能详细地列出客户或者业务伙伴可能需要的具体部门的联系方式。对于有分支机构的企业，同时还应当添加各地分支机构的联系方式。这在为用户提供方便的同时，也起到了对各地业务的支持作用。

- 辅助信息：有时由于企业产品比较少，网页内容显得有些单调，可以通过增加一些辅助信息来弥补这种不足。辅助信息的内容比较广泛，可以是本公司、合作伙伴、经销商或用户的一些相关新闻、趣事，以及产品保养 / 维修常识等。

## 17.2 设计网站封面页

一个站点的首页是这个网站的门面，访问者第一次来到网站首先看到的就是首页，所以首页的好坏对整个网站的影响非常大。一个思路清晰、美工出色的首页，不但可以吸引访问者继续浏览站点内的其他内容，还能使访问过的浏览者再次光临网站。图 17-3 所示为本例所设计的封面首页。

图 17-3 封面首页

### 17.2.1　设计网站封面首页图像

首页采用封面型结构布局，整个页面有一些图片和文字代表网站的主要栏目导航。利用
Photoshop 来具体设计和切割首页，切割完成后可以使用 Dreamweaver 来进行页面的链接，
具体操作步骤如下，所涉及的文件如表 17-1 所示。

表 17-1

| 原始文件 | 原始文件 /CH17/chanpin.jpg、1.jpg、job.gif、tel.gif、zxrx.jpg |
|---|---|
| 最终文件 | 最终文件 /CH17/ 网站首页 .psd |

（1）启动 Photoshop CC，弹出【新建】对话框，将【宽度】设置为 850，【高度】设置为
600，如图 17-4 所示。

（2）单击【确定】按钮，新建空白文档，如图 17-5 所示。

图 17-4　【渐变编辑器】对话框　　　　　　　　图 17-5　新建文档

（3）选择工具箱中的【横排文字工具】，在选项栏中单击【点按可编辑渐变】按钮，弹出【渐
变编辑器】对话框设置渐变颜色，如图 17-6 所示。

（4）单击【确定】按钮，设置渐变颜色在舞台中从上向下绘制填充渐变，如图 17-7 所示。

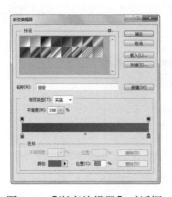

图 17-6　【渐变编辑器】对话框　　　　　　　　图 17-7　填充背景

（5）选择工具箱中的【横排文字工具】，在舞台中输入文字【华美家具】，如图 17-8 所示。

（6）选择菜单中的【图层】|【图层样式】|【渐变叠加】命令，设置渐变颜色，如图 17-9 所示。

图 17-8　输入文字　　　　　　　　　　　图 17-9　设置渐变颜色

（7）单击勾选【投影】选项，设置投影参数，如图 17-10 所示。

（8）单击【确定】按钮，设置渐变颜色，如图 17-11 所示。

图 17-10　设置投影参数　　　　　　　　　图 17-11　设置渐变颜色

（9）选择工具箱中的【横排文字工具】，在舞台中输入导航文本，如图 17-12 所示。

（10）选择菜单中的【文件】|【置入】命令，弹出【置入】对话框，选择图像"chanpin. jpg"，如图 17-13 所示。

图 17-12　输入导航文本　　　　　　　　　图 17-13　【置入】对话框

（11）单击【置入】按钮，置入图像文件并将其拖动到合适的位置，如图 17-14 所示。

（12）选择工具箱中的【矩形选框工具】，在图像的右边绘制选框，如图 17-15 所示。

图 17-14　置入图像　　　　　　　　　　　　图 17-15　绘制选框

（13）选择工具箱中的【横排文字工具】，在选项栏中单击【点按可编辑渐变】按钮，弹出【渐变编辑器】对话框设置渐变颜色，如图 17-16 所示。

（14）在选框内从上向下绘制选框，如图 17-17 所示。

图 17-16　【渐变编辑器】对话框　　　　　　图 17-17　绘制选框

（15）选择工具箱的【横排文字工具】，输入文字"公司动态"，如图 17-18 所示。

（16）选择菜单中的【图层】|【图层样式】|【外发光】命令，弹出【图层样式】对话框，将【大小】设置为 11 像素，如图 17-19 所示。

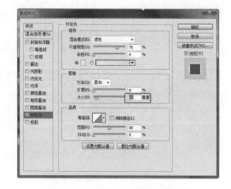

图 17-18　输入文字　　　　　　　　　　图 17-19　【图层样式】对话框

（17）单击【确定】按钮，设置图层样式效果，如图 17-20 所示。

（18）选择工具箱中的【直线工具】，在选项栏中将【填充】颜色设置为#b28850，【粗细】设置为1，按住鼠标左键绘制直线，如图17-21所示。

图17-20　设置图层样式效果　　　　　　　　　图17-21　设置图层样式

（19）打开【图层】面板，选中【公司动态】图层和【形状】图层，将其拖动到底部的【创建新图层】按钮上复制图层，将文字"公司动态"修改为"促销活动"，如图17-22所示。

（20）选择菜单中的【文件】|【置入】命令，置入图像文件"1.jpg"，如图17-23所示。

图17-22　复制图层　　　　　　　　　　　　图17-23　置入图像

（21）选择菜工具箱中的【横排文字工具】，输入相应文本，如图17-24所示。

（22）选择菜单中的【文件】|【置入】命令，置入图像文件"zxrx.jpg""tel.gif""job.gif"，如图17-25所示。

图17-24　输入文本　　　　　　　　　　　　图17-25　置入图像

## 17.2.2 设计网站封面首页图像

下面讲述切割网站封面型首页的方法，具体操作步骤如下，所涉及的文件如表 17-2 所示。

**表 17-2**

| 原始文件 | 最终文件 /CH17/ 网站首页 .html |
|---|---|
| 最终文件 | 网站封面的制作 |

（1）选择菜单中的【文件】|【打开】命令，打开素材文件，如图 17-26 所示。

（2）选择工具箱中的【切片工具】，将光标置于要创建切片的位置，按住鼠标左键拖动绘制切片，如图 17-27 所示。

图 17-26　打开素材文件　　　　　　　　　图 17-27　绘制切片

（3）用同样的方法绘制其余的切片，如图 17-28 所示。

（4）选择菜单中的【文件】|【存储为 Web 所用格式】命令，弹出【存储为 Web 所用格式】对话框，如图 17-29 所示。

图 17-28　绘制切片　　　　　　　　　图 17-29　【存储为 Web 所用格式】对话框

（5）单击【存储】按钮，弹出【将优化结果存储为】对话框，在该对话框中将【格式】设置为【HTML 和图像】，如图 17-30 所示。

（6）单击【保存】按钮，即可将图像切割成网页，如图 17-31 所示。

图 17-30 【将优化结果存储为】对话框

图 17-31 预览网页效果

## 17.3 创建本地站点

创建本地站点的具体操作步骤如下。

（1）选择菜单中的【站点】|【管理站点】命令，弹出【管理站点】对话框，在对话框中单击【新建站点】按钮，如图 17-32 所示。

（2）弹出【站点设置对象 企业网站】对话框，在对话框【站点】选项卡的【站点名称】文本框中输入名称，如图 17-33 所示。

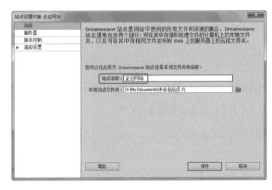

图 17-32 【管理站点】对话框

图 17-33 输入站点的名称

（3）单击【本地站点文件夹】文本框右边的文件夹按钮，弹出【选择根文件夹】对话框，在对话框中选择相应的位置，如图 17-34 所示。

（4）单击【选择文件夹】按钮，选择文件位置，如图 17-35 所示。

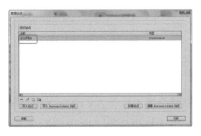

图 17-34 【选择根文件夹】对话框

图 17-35 选择文件的位置

（5）单击【保存】按钮，返回到【管理站点】对话框，对话框中显示了新建的站点，如图 17-36 所示。

（6）选单击【完成】按钮，在【文件】面板中可以看到创建的站点中的文件，如图 17-37 所示。

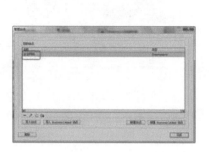

图 17-36　【管理站点】对话框　　　　　图 17-37　【文件】面板

## 17.4　使用 Dreamweaver 制作页面

Dreamweaver 是大家公认为最优秀的可视化网页制作软件之一。下面利用 Dreamweaver 来制作企业网站页面。

### 17.4.1　制作网站顶部导航

制作网站顶部导航的具体操作步骤如下。

（1）选择菜单中的【文件】|【新建】命令，弹出【新建文档】对话框，在对话框中选择【空白页】|【HTML】|【无】选项，如图 17-38 所示。

（2）单击【创建】按钮，创建空白文档，如图 17-39 所示。

图 17-38　【新建文档】对话框　　　　　图 17-39　创建文档

（3）将光标置于页面中，选择菜单中的【修改】|【页面属性】命令，弹出【页面属性】对话框，在对话框中的【左边距】、【上边距】、【下边距】、【右边距】分别设置为 0px，如图 17-40 所示。

（4）单击【确定】按钮，页面属性修改完成，选择菜单中的【文件】|【保存】命令，弹出【另存为】对话框，在对话框中的【文件名】中输入相应的名称，如图 17-41 所示。

图 17-40 【页面属性】对话框    图 17-41 【另存为】对话框

（5）单击【保存】按钮，保存文档，将光标置于页面中，选择菜单中的【插入】|【表格】命令，弹出【表格】对话框，在对话框中将【行数】设置为 5，【列】设置为 1，【表格宽度】设置为 950 像素，如图 17-42 所示。

（6）单击【确定】按钮，插入 5 行 1 列的表格，此表格记为表格 1，如图 17-43 所示。

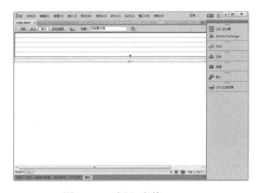

图 17-42 【表格】对话框    图 17-43 插入表格 1

（7）将光标置于表格 1 的第 1 行单元格中，选择菜单中的【插入】|【图像】|【图像】命令，弹出【选择图像源文件】对话框，在对话框中选择相应的图像文件"banner.jpg"，如图 17-44 所示。

（8）单击【确定】按钮，插入图像，如图 17-45 所示。

图 17-44 【选择图像源文件】对话框    图 17-45 插入图像

（9）将光标置于表格 1 的第 2 行单元格中，选择菜单中的【插入】|【图像】|【图像】命令，弹出【选择图像源文件】对话框，在对话框中选择相应的图像文件 "images/top.jpg"，单击【确定】按钮，插入图像，如图 17-46 所示。

（10）将光标置于表格 1 的第 3 行单元格中，打开代码视图，在代码中输入背景图像代码 background="images/bg_bg.gif"，如图 17-47 所示。

图 17-46　插入图像

图 17-47　输入代码

（11）返回设计视图，可以看到插入的背景图像，如图 17-48 所示。

（12）将光标置于背景图像上，输入相应的文字，如图 17-49 所示。

图 17-48　插入背景图像

图 17-49　输入文字

（13）保存文档，完成网站顶部导航的制作。

## 17.4.2　制作左侧导航公告栏

制作左侧导航公告栏的具体操作步骤如下。

（1）接上一节内容，将光标置于表格 1 的都 4 行单元格中，选择菜单中的【插入】|【表格】命令，弹出【表格】对话框，在对话框中将【行数】设置为 1，【列数】设置为 2，如图 17-50 所示。

（2）单击【确定】按钮，插入表格，此表格记为表格 2，如图 17-51 所示。

（3）将光标置于表格 2 的第 1 列单元格中，选择菜单中的【插入】|【表格】命令，插入 3 行 1 列的表格，此表格记为表格 3，如图 17-52 所示。

图 17-50 【表格】对话框　　　　　　　图 17-51 插入表格 2

（4）将光标置于表格 3 的第 1 行单元格中，选择菜单中的【插入】|【表格】命令，插入 3 行 1 列的表格，此表格记为表格 4，如图 17-53 所示。

图 17-52 插入表格 3　　　　　　　　　图 17-53 插入表格 4

（5）将光标置于表格 4 的第 1 行单元格中，选择菜单中的【插入】|【图像】|【图像】命令，插入图像"images/channel_3.gif"，如图 17-54 所示。

（6）将光标置于表格 4 的 2 行单元格中，选择菜单中的【插入】|【表格】命令，插入 6 行 1 列的表格，此表格记为表格 5，如图 17-55 所示。

图 17-54 插入图像　　　　　　　　　　图 17-55 插入表格 5

（7）将光标置于表格 5 的单元格中，分别输入相应的文字，如图 17-56 所示。

（8）将光标置于表格 4 的第 3 行单元格中，选择菜单中的【插入】|【图像】|【图像】命令，

插入图像"images/left_01.jpg"，如图 17-57 所示。

图 17-56　输入文字　　　　　　　　　　　　　　图 17-57　插入图像

（9）将光标置于表格 3 的第 2 行单元格中，选择菜单中的【插入】|【表格】命令，弹出【表格】对话框，在对话框中将【行数】设置为 2，【列】设置为 1，【表格宽度】设置为 100%，此表格记为表格 6，如图 17-58 所示。

（10）将光标置于表格 6 的第 1 行单元格中，选择菜单中的【插入】|【图像】|【图像】命令，插入图像"images/index_03.gif"，如图 17-59 所示。

图 17-58　插入表格 6　　　　　　　　　　　　　图 17-59　插入图像

（11）将光标置于表格 6 的第 2 行单元格中，分别输入相应的文字，如图 17-60 所示。

（12）将光标置于表格 3 的第 3 行单元格中，选择菜单中的【插入】|【表格】命令，插入 2 行 1 列的表格，此表格记为表格 7，如图 17-61 所示。

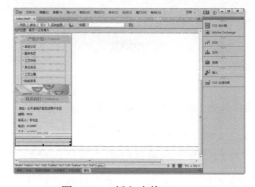

图 17-60　输入文字　　　　　　　　　　　　　　图 17-61　插入表格 7

（13）将光标置于表格 7 的第 1 行单元格中，选择菜单中的【插入】|【图像】|【图像】命令，插入图像"images/index_04.jpg"，如图 17-62 所示。

（14）将光标置于表格 7 的第 2 行单元格中，输入相应的文字，如图 17-63 所示。

图 17-62　插入图像

图 17-63　输入文字

（15）将光标置于文字的前面，打开代码视图，在代码中输入标签 <marquee>，如图 17-64 所示。

（16）将光标置于文字的后面，输入标签 </marquee>，如图 17-65 所示。

图 17-64　输入代码

图 17-65　输入代码

（17）保存文档，完成左侧导航公告栏的制作。

### 17.4.3　制作产品展示

制作产品展示的具体操作步骤如下。

（1）接 17.4.1 小节的内容，将光标置于表格 2 的第 2 列单元格中，选择菜单中的【插入】|【表格】命令，插入 2 行 1 列的表格，此表格记为表格 7，如图 17-66 所示。

（2）将光标置于表格 7 的第 1 行单元格中，选择菜单中的【插入】|【图像】|【图像】命令，插入图像"images/info.gif"，如图 17-67 所示。

图 17-66　插入表格 7

图 17-67　插入图像

（3）将光标置于表格 7 的第 2 行单元格中，选择菜单中的【插入】|【表格】命令，插入 2 行 1 列的表格，此表格记为表格 8，如图 17-68 所示。

（4）将光标置于表格 8 的第 1 行单元格中，输入相应的文字，如图 17-69 所示。

图 17-68　插入表格 8

图 17-69　输入文字

（5）将光标置于表格 8 的第 2 行单元格中，选择菜单中的【插入】|【表格】命令，插入 4 行 3 列的表格，此表格记为表格 9，如图 17-70 所示。

（6）将光标置于表格 9 的第 1 行第 1 列单元格，选择菜单中的【插入】|【图像】|【图像】命令，插入图像"images/001.jpg"，如图 17-71 所示。

图 17-70　插入表格 9

图 17-71　插入图像

（7）将光标置于表格 9 的第 2 行第 1 列单元格中，输入相应的文字，如图 17-72 所示。

（8）重复步骤（6）～（7）在表格 9 的其他单元格中分别插入图像，并输入相应的文字，如图 17-73 所示。

图 17-72 输入文字

图 17-73 输入内容

（9）将光标置于表格 1 的第 5 行单元格中，将单元格的【背景颜色】设置为 #690200，【高】设置为 30，如图 17-74 所示。

（10）保存文档，按 F12 键，在浏览器中预览，效果如图 17-75 所示。

图 17-74 设置背景颜色

图 17-75 预览效果